U0724835

笑的进化论

[英] 乔纳森·西尔弗顿(Jonathan Silvertown)　著

曾早垒　李豪军　钟涵阳　译

重庆大学出版社

谨以此书献给罗伯，我最忠诚的朋友。

目　录

喜剧与谬误

"想象完美是一件令人愉快的事,但谈论错误和荒谬却要有趣得多。"

范妮·伯尼(Fanny Burney,1752—1840)

谬误产生的差错总会带来喜剧效果。几千年来人们已经认识到谬误与幽默之间的联系，而莎士比亚则用作品向我们展示了这一点。莎士比亚从罗马剧作家普劳图斯（Plautus）那里获得了写作灵感，创作出《喜剧的谬误》（*Comedy of Errors*），给剧中角色增添了更多的身份反差，使得作品更加具有喜剧效果。[1]但21世纪的科学发现了一些真正能产生喜剧效果的谬误，这些原因可能是普劳图斯和莎士比亚都没有想到过的。

事实证明，谬误不仅是幽默故事的情节设置，还是我们觉得有趣的东西，而后者是其本质。人脑中有一个特定区域，专门用于检测错误。该区域会对感知到的谬误进行处理，与预期相比较，那些被判断为幽默的谬误会在大脑中回响，从而引发笑声。随着这一发现，科学和艺术这两种文化突然发生了碰撞，就像陌生人在酒吧相遇一样，我们发现二者因笑话而结下了不解之缘。这本书见证了这一出乎意料而又富有成效的碰撞。我们将探寻碰撞中遇到的问题，抓住由此衍生出的笑话，以期待在肤浅中找到更深层次的意义。

为什么有些谬误很有趣而有些则不然？为什么笑声是不由自主的、具有感染力的？笑声存在于所有文化中，可以跨越语言的边界，被听到就可以被识别。婴儿会笑，而且这种行为不需要借助视觉或听觉的学习就天然存在。[2]所有这些特征都有力地表明，笑是人类心灵中固有的。对于像我这样的进化生物学家来说，这一现象立即引发了我最喜欢提出的问题：笑有什么好处？回答这个问题就是写作本书的最终目的。为什么进化让我们发笑？

虽然我是一名进化生物学家，更习惯于探究植物（而不是大脑）的起源和发展，但我还是作为一个闯入者小心翼翼地进入了这个领域。我发现，从亚里士多德[3]开始，（几乎）所有严肃作家都写作过关于笑的文章：亨利·柏格森、查尔斯·达尔文、勒内·笛卡儿、西格蒙德·弗洛伊德、托马斯·霍布斯、伊曼纽尔·康德、亚瑟·叔本华，此处仅列举了一些如雷贯耳的名字。"没有什么比学者们对笑声的论证更索然无趣了。"[4]正如一位最近的作家所评价的那样，接下来她也会对此话题进行论证。不过，说教也是可以得到好处的：

教皇如何支付账单？

贝宝。

How does the Pope pay his bills?

PayPal.

4

那么，有趣的教授们又在做什么呢？他们会穿着小丑鞋和宽松的裤子吗？如果是这样的话，他们和普通教授又有什么区别呢？我好像跑题了。在《幽默研究入门》(*Primer of Humor Research*) 这本书中，该书的编辑（也是幽默奖学金的主理人）认为，像我这样的闯入者是"初来乍到的害虫"，[5]并且非常讨厌我们对于笑话知识的匮乏。这真是个奇怪的世界，学者怕你笑，艺人怕你不笑。在《幽默研究手册》(*Handbook of Humor Research*) 中，编辑们感叹道："由于尚不清楚的原因，许多研究人员在放弃该领域之前只发表了一两个关于幽默的研究，就转向了其他领域的研究。"[6]也许他们是被主理人严厉的批评吓跑了吧。我还注意到，科学家在研究鼻涕虫的领域同样缺乏持久的毅力。看来研究笑声和软体动物似乎对学术生涯都是致命的。对有些研究主题，最好不要太认真。

一个男人走进电影院，坐下，注意到他旁边的座位上坐着一只大鼻涕虫。

"你在这里做什么？"男人惊讶地问道。

"嗯，我很喜欢这本改编成电影的原作。"鼻涕虫回答道。

A man walks into a cinema, sits down, and notices that there is a large slug sitting in the seat next to him.

'What are you doing here?' asks the man in surprise.

'Well, I loved the book,' replies the slug.

这说明，任何关于鼻涕虫的事和关于它们的笑话，都不能给我们任何启示。在理解幽默的漫长道路上，我们已经闯进过太多死胡同。

再看看实验室里的情景，一篇关于如何让机器人变得有趣的论文开始进行论证了，"首先，笑声与幽默之间有很强的联系。"[7] "不是吧，夏洛克！"你可能会说，但两者之间确实应当做出明显的区分。我们应该区分"幽默——作为刺激物"和"笑声——作为一种反应"之间的区别。二者是不同的，都可以单独存在和发生，任何一个喜剧演员都非常清楚这一点。肯·多德爵士（Sir Ken Dodd）就将自己精通的喜剧技艺定义为"以赢得笑声而进行的幽默表演"。[8] 有一些你认为很幽默的笑话，也许是关于鼻涕虫的，但不会让你笑出声来。相反，挠痒痒可以在没有幽默刺激的情况下引发笑声。你喜欢的挠痒痒方式，也许更能说明问题。

情色和变态有什么区别？
情色是使用一根羽毛，而变态是拿出了整只鸡。
What is the difference between erotic and kinky?
Erotic is using a feather. Kinky is using the whole chicken.

关于笑，我们都本能地知道两件事情：第一，它是一种社会现象；第二，它不仅仅与幽默相关，而且是在人类感到开心时才会出现。心理学家罗伯特·普罗文（Robert Provine）在倾听人们谈话的过程中发现，大多数笑声出现在日常对话中，并不是像人们想象的那样，只在有人说了些有趣的事情时才发笑。[9]你可以在任何酒吧或社交场合亲自验证这一点，因为这些场合都非常适合你竖着耳朵偷听而不被人发现。我发现确实如此。查尔斯·达尔文也知道这一点。1872年，他就在书中评论说，刚刚度过童年时期的年轻人，"显得兴致勃勃，总是会没来由地开怀大笑"。[10]

我们能弄清楚幽默是如何运作的，以及我们为何会因此发笑吗？我们是否应该尝试去分析一个笑话，就像指着一颗图钉来解释气球是如何工作的？为什么解释会消解而不是加强笑话的幽默度呢？这自有科学的解释，我们稍后会加以探讨。然而，也有一种浪漫的观念认为，当我们试图分析一件美丽或快乐的事物时，我们就会摧毁它，就像活体解剖师用手术刀检查一颗跳动的心脏一样。我坚信事实恰恰相反——理解会增加而不是减少快乐。本书就是对这一观点的检验。

虽然大多数笑声是自发的，而不是对幽默的回应，但笑话就是我在本书中的手术刀。选择这些笑话是为了让你先笑，然后再思考。实际上有一个名为搞笑诺贝尔奖的奖项，用于表彰做这事的科学研究[a]。2018 年，该奖项被俄勒冈州波特兰的一组外科医生获得，他们的研究是"用邮票测试男性性器官功能是否正常"。这让你不禁想知道，这些人是怎么判断男性性器官功能是否正常的。事实上，他们设计了一种便捷的方法，用邮票来诊断睡眠期间的勃起功能障碍。[11]当然，得使用二手邮票，这个方法才能称得上物美价廉。睡前，你可以用邮票紧贴在男性器官的周围，围成一个纸质项圈。如果早上醒来时，这个项圈的穿孔已经裂开，那你就可以翻身，将这一好消息告知给身边的伴侣了。谁又能说集邮这爱好一无是处呢？

这就是本书的计划。非常简单。现在你已经知道第一章的内容了：因为你刚刚读过。在第二章，我们将寻找幽默，与其角逐，将其按倒在地，并用一个定义将其固定下来。以前有人尝试过这种方法，但幽默总是能如鬼马精灵般逃脱掉，这次我会趁其不备，偷偷靠近，好好给它一顿痒痒挠，让它求饶。在第三章，我们把幽默放在显微镜下，仔细观察我们的猎物如何蠕动，看看它是由什么构成的。第四章探究了人会感觉到痒痒的根源，即在进化过程中，最初使我们发笑的方式，我们也发现了，为什么笑是会传染的。第五章则是与微笑面对面。第六章，我们发现了在进化过程中，什么是有益的笑。最后，在厘清了与笑相关的混乱生物学信息之后，在第七章里，我们将看到在生物

（a） 搞笑诺贝尔奖的宗旨是"乍一看好笑，后又引人深思"。——译者注

学基础上，文化起到了什么作用。我们穷尽一切，拼命把乐趣这一话题挖个底朝天，我们要找出聋人笑话、音乐笑话和犹太人的笑话的不同之处，以及其有趣的原因。一位研究幽默的人员写道："因为讨论的主题是幽默，所以很多人把这一领域的研究看成是讲讲笑话而已"。[12]听听这话！接下来的写作可得当心了。

幽默与思想

对幽默本质的探索比炼金术士对点金石的探索更古老。甚至像W.C.菲尔茨（W.C. Fields）这样的伟大漫画家，穷其一生，也未能找到答案：

喜剧最有趣的地方在于你永远不知道人们为什么会笑。我知道是什么让他们发笑，但试图弄清楚为什么会发笑就像试图从一桶水中徒手抓起一条鳗鱼一样困难。[1]

结果就是，关于什么使幽默有趣的理论和说法层出不穷——至少有100个，且这个数字还在增加。[2]正如著名的佛教寓言故事"盲人摸象"中的六个盲人一样，大多数关于幽默本质的理论观点也只是像这个寓言中某个盲人只抓住了大象的某个部分一样。在这个寓言故事中，第一个盲人撞到了大象的一侧，就宣称说大象像一堵墙；第二个盲人摸到了象牙，断定大象就像长矛；第三个盲人摸到了弯弯曲曲的象鼻，就认为大象像条蛇；第四个盲人摸到了一条结实的腿，就说大象像一棵树；第五个盲人被大象的耳朵扇了一下，因此坚信大象就像一把扇子；而第六个盲人抓住了晃动的象尾，认为大象很像一根绳子。美国幽默诗人约翰·戈弗雷·萨克斯（John Godfrey Saxe）[3]作了一首关于这个寓言故事的趣诗：

> 印度瞽者数六人，
>
> 各持己见辩象形。
>
> 分看不缺三分理，
>
> 实则皆谬不通情。[a]

要探究喜剧这只怪兽的本质，我们需要在其自然栖息状态下去观察它，所以我们一起去爱丁堡吧。每年八月的艺穗节期间，可以看到除了音乐、戏剧、绘画和文学作品之外，其他各种风格的喜剧。如果幽默的本质在喜剧表达的多样性中，那么我们将在这里找到它。

普勒森斯街位于爱丁堡荷里伍德公园边缘，是爱丁堡最大的笑声来源地之一。我们挤过前庭蜂拥的人群，无数的欢饮者和正享受着哈吉斯素食、卡伦汤和安格斯牛肉汉堡等苏格兰美食的人们在这里聚集，美食的香味在苏格兰八月傍晚的潮湿空气中弥散。18世纪的普勒森斯还是城市边缘地带的烟花柳巷之地。不管是那时的城郊边缘之地，还是如今的边缘艺术之地，在普勒森斯寻找到快乐都不用太多开销。只不过如今这里的快乐来自20多家剧院从早到晚、每时每刻进行着的有趣的演出。

在这个欢笑的原产地，选择的痛苦是无法避免的。在一面海报墙上贴满了演出的宣传海报，似乎每一个节目都

（a） 通俗版：印度瞎子六个人，争辩象形吵不停；你说你的对，我说我的行，看似各有理，结果全不行。——译者注

是不能错过的欢乐选项。一个法国剧团的哑剧《鱼缸》（*Fishbowl*）尽管涉及了孤独和友谊这些比较严肃的话题，但他们完全无声的表演仍唤起了人们对人类现状的笑声。马特·威宁（Matt Winning）是一位气候科学家，也是一位单人脱口秀演员。他尝试着从气候事件中扒拉出笑点，并把需要人们共同应对的气候问题清晰地传达给观众。其他表演者分享了他们作为移民、女权主义者、有色人种或非主流人士所发现的身份幽默。

令我失望的是，今年[a]的政治讽刺并不多见。可能是因为如今政界的重量级人士，尤其是美国总统唐纳德·特朗普（Donald Trump）都在进行自我讽刺。任何想要自我讽刺的人都可以很容易在社交媒体上获得靠前的流量。今年为数不多的具有讽刺意义的事件之一是关于社交媒体红人泰坦妮娅·麦格雷斯（Titania McGrath）的，主要是针对她的关注者。在她的设计媒体个人主页上这样写着："泰坦妮娅·麦格雷斯是一位致力于女权主义、社会公正与武装和平抗议的彻底的国际主义诗人。作为站在网络行动主义前沿的千禧偶像，她用自己独有的视角和方式为你解释，对事物产生认知错误的原因以及如何实现真正的觉醒[4]。"而为此点赞的却是来自美国右翼的媒体。

普勒森斯表演的多样性表明，人们觉得有趣的东西是没有边界的。真是这样吗？幽默的本质是像魔法石一样虚

（a） 2018年。——译者注

无缥缈的想象之物吗？希腊哲学家亚里士多德也对幽默的本质进行了研究，他抓住了其中的一点并得出幽默的本质是嘲讽这一结论。"喜剧的目的是把人表现得比现实更糟，而悲剧的目的是把人表现得比现实更好。"[5]他这样说道，或许也带着刻意的讽刺。不幸的是，亚里士多德关于喜剧的完整著作已经失不可得。因此，英国喜剧演员亚瑟·史密斯（Arthur Smith）说："伟大的喜剧有三个基本规则，但不幸的是，没有人能记得是哪三个规则。"

不过，亚里士多德一定很熟悉荷马史诗《奥德赛》（Odyssey）中英雄奥德修斯智斗波吕斐摩斯的故事。奥德修斯和他的同伴在西西里岛上的一个洞穴中避难，他们并不知道这里住着吃人的独眼巨人。独眼巨人波吕斐摩斯回来后吃掉了奥德修斯的六名同伴。奥德修斯抑制住愤怒，并不断地给独眼巨人倒酒，灌醉了他。醉醺醺的波吕斐摩斯向奥德修斯承诺，如果对方告诉他真实姓名，他就赠送奥德修斯一个礼物。奥德修斯告诉巨人他的名字叫"没有人"（Nobody），波吕斐摩斯说作为回报，自己会"最后吃掉'没有人'"。当波吕斐摩斯昏昏沉沉睡着后，奥德修斯将一根木桩刺入独眼巨人的眼睛。波吕斐摩斯向他的巨人同伴们大声呼救，"救命，'没有人'刺瞎了我！"其他巨人们听到他的呼救声，理所当然认为波吕斐摩斯一定是做噩梦了，所以并没有采取任何行动。第二天早上，奥德修斯和他幸存的同伴们在其他独眼巨人赶羊群出去吃草时，紧贴在羊肚下面，逃出了洞穴。

16

现存最古老的笑话书名为《斐洛格罗斯》（*Philo-gelos*），在希腊语中是"小丑"的意思。这本书让我们了解了是什么让古希腊人发笑[6]。现存的《斐洛格罗斯》是拉丁语版，是罗马人从不列颠撤退的时候写成的。难道是因为罗马人在逃离大雨奔赴阳光普照的意大利海岸时，迫切需要振作起来吗？也许是吧。虽然这些笑话是用拉丁文写的，但就像很多罗马文化一样，这些笑话中到处都是希腊的印记。《斐洛格罗斯》中充满了仇外的笑话，嘲笑希腊人所轻视的愚蠢之人，比如腓尼基西顿城的居民：

一位西顿城律师同两个朋友聊天。

其中一位朋友说道："屠宰羊是不对的，因为羊为我们提供了羊奶和羊毛。"

另一位朋友说："杀牛是不对的，因为牛给我们提供了牛奶，还帮我们拉犁耕地。"

然后律师补充说："杀猪也是不对的，因为猪为我们提供了猪肝、熏肉和猪排。"

A Sidonian lawyer is chatting with two friends.

One says, 'It is not right to slaughter sheep because they give us milk and wool.'

The other says, 'It is not right to kill cows because they give us milk and pull our ploughs.'

Then the lawyer adds, 'And it is not right to kill pigs either because they give us liver, bacon, and pork chops.'

《斐洛格罗斯》中其他的笑料则是关于吝啬鬼、懦夫、胖子、傻瓜、学徒和奴隶：

> 我买了一个奴隶，不久他就去世了。我找到奴隶贩子说："我从你手里买了一个奴隶，然后他死掉了。"知道奴隶贩子怎么回答的吗？"这可别怨我，我拥有这个奴隶时，他从没在我手上死过。"
>
> I bought a slave and he died. I went back to the slave dealer and said, 'I bought a slave from you and he died.' Know what the dealer said? 'Do not blame me. He never did that when I had him.'

自古希腊以来，幽默已经走过了漫长的道路。或许是吧？奴隶死去的笑话不就是巨蟒喜剧团（Monty Python）著名的鹦鹉死亡小品的前身吗？正如一位幽默作家所说：没有老掉牙的笑话，只有你以前听过的笑话。

嘲笑别人是许多幽默段子常见的一个特征。在英国哲学家托马斯·霍布斯[7]看来，嘲笑别人是一种"突然的荣耀"，因为嘲笑者会突然意识到自己比被嘲笑者更优秀。当奥德修斯乘坐自己的船只逃到海上，耳中听到瞎眼巨人喊着自己嘲弄他时所说的"真实"姓名时，他当然也感受到了这种"突然的荣耀"。直到今天，你还能看到西西里岛海岸的岩石，根据传说，这些岩石是在奥德修斯的船只撤退后，愤怒的波吕斐摩斯扔进海里的。

闹剧是劳莱与哈代（Laurel and Hardy）[a]的喜剧电影、兔八哥和其他电影的主要幽默形式，这是霍布斯式幽默的一种变体。看着斯坦和奥利[b]试着把钢琴抬上陡峭的楼梯是很滑稽的，但前提是你要相信他们没有被沉重的钢琴压死的真正危险。同样的，在卡通片《猫和老鼠》里，汤姆和杰瑞永远在争斗，但如果猫真的抓住并吃掉了老鼠，笑声也就不复存在了。"闹剧"（slapstick）一词来源于16世纪意大利即兴喜剧（commedia dell' arte）中使用的一种叫作巴塔西奥（bataccio）的棍子，它是由两片铰接在一起的木条做成的。当人们用它敲打傀儡制造喜剧效果时，会发出响亮的啪啪声。对于喜剧效果来说，最关键的是不会发生真正的伤害。

即使大多数人并不会对他人实际受到的身体伤害感到好笑，但带有优越感的幽默确实会伤害他人。性别和种族歧视的笑话是霍布斯幽默中两种不太光彩的类型，通常会让听众嘲笑婆婆的丑陋、爱尔兰人或金发女郎的愚蠢。你们已经听过这些笑话了，我就不赘述了。令人高兴的是，女权主义的笑话正在扭转大男子主义的局面。男性和女性视角的差异可以体现在语法的细微之处：

> 一位英语老师在黑板上写下"一个女人没有她的男人什么都不是"这句话，并让他的学生在上面加标

（a） 美国长期搭档演出滑稽片的两位演员。——译者注
（b） 即（斯坦·）劳莱和（奥利·）哈代。——译者注

点符号。一个男学生写道："一个女人，没有她的男人，什么都不是。"一位女学生则填写道："一个女人，没有她，男人什么都不是。"

An English teacher writes the sentence 'A woman without her man is nothing' on the blackboard and asks his students to punctuate it. A male student writes, 'A woman, without her man, is nothing.' A female student writes, 'A woman: without her, man is nothing.'

或者，如果你更喜欢关于数学的话题，不妨看看这个笑话：

两个数学家在一家餐馆吃饭，争论大众数学知识的平均水平。一人声称该平均值低得可怜，而另一个人则认为高得惊人。"我告诉你，"持悲观态度的数学家说，"去问问那个女服务员一个简单的数学题。如果她答对了，我请客。如果答错，你买单。"然后他起身去了洗手间。另一个数学家趁机把女服务员叫了过来，并告诉她，"等我朋友回来时，我要问你一个问题，我希望你回答 '$\frac{1}{3}x^3$'。我会给你 20 英镑。"女服务员同意了。持悲观态度的数学家从厕所回来，把女服务员叫了过来，"食物太棒了，谢谢你，"他说。另一位数学家接着说，"顺便问一下，你知道 x^2 的积分是什么吗?"女侍者看上去陷入了沉思，甚至露出了略带痛苦的表情。她环视了一下房间，看着自己的脚，发出嘟嘟囔囔的声音，最后带着不确定的口吻说道："嗯，$\frac{1}{3}x^3$?"于是，持悲观态度的那位数学家付了账。女服务员转过身来，走了几步，回头看着那两个男人，小声嘀咕道："……这道题还应该加上一个常数的条件才对啊。"[8]

Two mathematicians were having dinner in a restaurant, arguing about the average mathematical knowledge of the public. One claimed that this average was woefully inadequate, whereas the other maintained that it was surprisingly high. 'I will tell you what,' said the cynic, 'ask that waitress a simple maths question. If she gets it right, I will pay for dinner. If not, you do.' He then excused himself to go to the bathroom, and the other called the waitress over. 'When my friend comes back,' he told her, 'I am going to ask you a question, and I want you to respond "one-third x cubed". There is twenty pounds in it for you.' She agreed. The cynic returned from the toilet and called the waitress over. 'The food was wonderful, thank you,' he said, and the other mathematician started, 'Incidentally, do you know what the integral of x squared is?' The waitress looked pensive; almost pained. She looked round the room, at her feet, made gurgling noises, and finally said, 'Um, one-third x

cubed?' So the cynic paid the bill. The waitress wheeled around, walked a few paces away, looked back at the two men, and muttered under her breath, '…plus a constant.'

每个笑话都有一个打破先入之见的笑点。这个笑话本身可能会通过某种预设，建立先入之见，比如上一个笑话中关于两个数学家之间打赌的故事。在一句俏皮话中，文化背景可能已蕴含其中，而笑点则利用了这一点。作家丽贝卡·韦斯特（Rebecca West）称一个有大男子主义的同行"不是每一寸都是绅士"而是"每隔一寸都是绅士"，这可能是有史以来对大男子主义最好的奚落了。她只插入一个词，就把一句陈词滥调的赞美变成了从女性视角对大男子主义诙谐的讽刺。[9]

在你头脑中已经有预设前提的笑话，可以颠覆性地暴露出听众的偏见：

你怎么称呼黑人飞行员？

就叫飞行员。

What do you call a black aircraft pilot?

A pilot.

梅尔·布鲁克斯（Mel Brooks）执导的经典喜剧电影《灼热的马鞍》（*Blazing Saddles*）在本质上与上述笑话异

曲同工："你怎么称呼黑人警长？就叫警长。"该笑话的目的是对西部片进行滑稽讽刺。

从乔纳森·斯威夫特（Jonathan Swift）嘲讽18世纪英国政治和社会的著作《格列佛游记》（*Gulliver's Travels*），到对21世纪美国做同样事情的《每日秀》（*The Daily Show*），讽刺始终是霍布斯优越感式幽默的主要形式，而这种类型的表演每周都有数千万人捧场。讽刺幽默不同于针对少数民族裔和女性的笑话，因为它是向上嘲讽，而不是向下取笑。大卫·李维（David Levi）是20世纪80年代的一名以色列政治家，他被一系列评价自己很愚蠢的笑话无情地嘲笑。当然，这样的讽刺幽默和当地的其他类似的替代品一样好用。

一天，李维的秘书从新闻上得知老板在回家的路上发生了交通事故。就打电话给他说："大卫，有新闻报道说有个疯子在高速公路上逆行。你开车的时候最好小心些！"

"我就说嘛！"大卫·李维说。"不止一个，有数百个！"

One day, Levi's secretary hears on the news that there is a traffic hazard on a route that she knows her boss is using to get home. She calls him up on his mobile and says, 'David, there is a news report that there is a maniac driving the wrong way on the motor-

23

way. You would better watch out!'

'Tell me about it,' says David Levi. 'There is not just one of them, there is hundreds of the maniacs!

最终，这个笑话的落脚点循环到了李维本人身上：

飞机上，一名男子与一位同行的乘客聊天，他觉得可以讲个笑话来破冰。

"嘿，你听说过关于大卫·李维的最新消息吗？"他问道。

"嗯？"他的同座说。"什么意思？我就是大卫·李维。"

"没关系，"男人说。"我可以慢慢说。"

A man turns to a fellow passenger on a plane and thinks he will open the conversation with a joke.

'Hey, have you heard the latest one about David Levi?' he asks.

'Huh?' says his companion. 'What do you mean? I am David Levi.'

'That is all right,' says the man. 'I will speak slowly.'

霍布斯说："能使人发笑的东西，它一定是新奇的、出乎意料的。新奇和惊喜对于幽默来说很重要，我们稍后会

24

看到原因。但重要的是，一个笑话只要对听者来说是新奇的，就可以了——不一定非要是'当代'意义上的新奇。"即使你不知道19世纪英国政治家本杰明·迪斯雷利（Benjamin Disraeli）和威廉·格莱斯顿（William Gladstone）是谁，但只要你以前没听过前者对后者的评价，那这个评价现在听来仍然是有趣的：

"不幸和灾难的区别是：如果格莱斯顿掉进泰晤士河，那是不幸，但如果有人再把他拉出来，那就是灾难。"[10]

'The difference between a misfortune and a calamity is this: if Gladstone fell into the Thames, it would be a misfortune, and if someone hauled him out again, that would be a calamity.'

在霍布斯式的笑话中，有一些被长期嘲笑的对象，比如律师。霍布斯式笑话的梗对他们来说司空见惯，但他们所受的奚落却未必如此：

四名外科医生正在休息，一边讨论着他们的工作。第一个医生说："我认为会计师的手术是最容易做的。你打开他们的肚子，所有的器官都被编号了。"

第二个医生说"我认为图书馆管理员的手术是最容易做的。你打开他们的肚子,所有器官都按字母顺序排列。"

第三个医生说："我喜欢给电工做手术。你打开他们的肚子，所有的器官都是彩色编码的。"

第四个人说："我喜欢为律师做手术。他们是没有心的（heartless，喻指无情的），没有脊柱的（spineless，喻指没有骨气的），没有胆的（gutless，喻指没有胆量的），他们的头和屁股是可互换的（喻指立场可换）。"[11]

Four surgeons were taking a coffee break and were discussing their work.

The first said, 'I think accountants are the easiest to operate on. You open them up and everything inside is numbered.'

The second said, 'I think librarians are the easiest to operate on. You open them up and everything inside is in alphabetical order.'

The third said, 'I like to operate on electricians. You open them up and everything inside is colourcoded.'

The fourth one said, 'I like to operate on lawyers. They are heartless, spineless, gutless, and their heads and their arses are interchangeable.'

霍布斯式的笑话像密封的胶囊一样，可以在某个时间周期内保持新鲜，两个主角在其中互相竞争，没有随着时间而丧失新鲜感的一方最终击败对手，取得了胜利。

一个男人去找理发师理发。当然，像往常一样，交谈的话题很快转到了即将到来的假期。

　　"我们要去意大利一个星期，"顾客说，"我和我的妻子真的很期待。"

　　"意大利？"理发师说。"你们不会想去那里的！意大利非常热又很拥挤，而且食物也很糟糕。"

　　"现在改变计划已经太晚了，而且我的妻子也非常想去罗马。"

　　"罗马？"理发师说。"你们不会真的想去那里吧。罗马交通非常糟糕，整个城市都在倒塌！那么，你们住哪里？"

　　"我们在罗马希尔顿酒店预订了一个行政套房。"那人说。

　　"别住在希尔顿！"理发师说。"我在那里待过一次，那是我一生中最糟糕的经历。"

　　一个月过去了，顾客又坐到理发店的椅子上，看得出他在度假期间晒黑了。"旅行怎么样？"理发师问，"我敢打赌一定很糟糕，是吗？"

　　"好吧，我们去了罗马，还参观了梵蒂冈。当我们在那里时，一位牧师招呼我们进入西斯廷教堂。"

　　"西斯廷教堂？"理发师说，"名不副实。"

　　"然后，"那个来理发的人说，"一扇小门打开了，教皇走出来和我们说话了。"

　　"真的吗？他说了什么？"

"'我的孩子,'教皇对我说,'每个星期天,我站在阳台上俯瞰圣彼得广场为人群祈福时,我看到下面成千上万的人头。'接着,教皇又说,'在所有的星期天,在我担任教皇的这么多年里,我从来没有见过像你这样糟糕的发型。'"

A man went to his barber for a haircut and of course, as it always does, the subject of the conversation turned to up-coming vacations.

'We are going to Italy for a week,' said the customer, 'and my wife and I are really looking forward to it.'

'Italy?' said the barber. 'You don't want to go there! It is horribly hot and crowded and the food is awful.'

'It is too late to change our plans now and anyway my wife is dying to see Rome.'

'Rome?' said the barber. 'You really do not want to go there. The traffic is terrible and the whole place is falling down! Where are you staying, anyway?'

'We have got an executive suite booked at the Rome Hilton,' said the man.

'Do not stay at the Hilton!' said the barber. 'I stayed there once and it was the worst experience of my entire life.'

A month goes by and the customer is back in the barber's chair, tanned from his holiday in Italy. 'How did it go?' asks the barber. 'I bet it was awful, wasn't it?'

'Well, we went to Rome and we visited the Vatican. While we were there, a priest beckoned us into the Sistine Chapel.'

'The Sistine Chapel?' says the barber. 'Overrated.'

'And then,' says the man, 'a small door opened, and the Pope came out and spoke to us.'

'Really? What did he say?'

' "My son," he said to me, "every Sunday I stand on the balcony overlooking St. Peter's Square and I see thousands of heads beneath me as I give the crowd my blessing." And, then the Pope said to me, "In all the Sundays, in all the many years that I have been Pope, I have never, ever seen a haircut as bad as yours." '

霍布斯发现，有时候，一个人会嘲笑以前的自己，以证明现在的自己比以前的愚蠢行为更优越。下面是一个类似的笑话，是我父亲去理发后带回家的：

一个食人族去度了两周的假。当他划着独木舟顺流而下时，朋友们都为他送行，并挥手告别，直到看不见他为止。两周后，当他在河湾处再次出现时，朋友们又等候在河岸边，急切地想知道他的假期过得怎样。他把独木舟停在岸边，单腿站立。在一根树枝的帮助下，食人族跳上岸。他的朋友们看到他只有一条腿，都吓坏了。"发生了什么事?!"他们大叫道。"哦，这是一个绝妙的假期，"食人族回答说，"不过，需自备食物。"

A cannibal went on vacation for a fortnight. His friends saw him off as he paddled his canoe away downstream and waved until he was lost to sight. Two weeks later, the friends, eager to hear how it went, were at the riverbank as he reappeared around the bend. He beached his canoe, stood on one leg, and with the help of a branch used as a crutch, the cannibal hopped ashore. His friends were horrified to see that their friend now only had one leg. 'What happened?!' they cried. 'Oh, it was a marvellous holiday,' replied the cannibal, 'but it was self-catering.'

从像这样的霍布斯式笑话到自嘲式幽默只是一步之遥。美国喜剧演员罗德尼·丹杰菲尔德（Rodney Dangerfield）就凭借自嘲，在舞台和电视上取得了非常成功的职业生涯。他的口头禅是"我不受尊重"。

我是个不合格的情人。我曾经被偷窥狂起哄。

I'm a bad lover. I once caught a peeping Tom

booing me.

我是双性恋。我每年"活动"两次。

I'm bisexual. I have sex twice a year.

有一天，一个女孩给我打电话，说："来吧，没有人在家。"我去了。真的没有人在家。

A girl phoned me the other day and said, 'Come on over. There is nobody home.' I went over. Nobody was home.

昨晚我妻子在前门迎接我。她穿着一件性感睡衣。唯一的麻烦是，她准备回家了。

Last night my wife met me at the front door. She was wearing a sexy negligee. The only trouble was, she was coming home.

据一项研究表明，自贬式幽默更多被哑剧和不那么成功的喜剧演员所使用[12]。丹杰菲尔德如果早一点儿读到这个研究，应该不会感到惊讶。自贬式幽默要想达到喜剧效果并不容易，因为它必须基于一个既悲惨又喜剧的人物形象构建。这些笑话绝不适合在酒吧里讲给朋友们听，或者至少，如果你不请大家喝一轮酒的话，没人想听这样的笑话。苏格兰喜剧演员阿诺德·布朗（Arnold Brown）已经很熟练地应用了这种幽默风格：

我喜欢用自嘲的喜剧技巧——但我不是很擅长。

I enjoy using the comedy technique of self-deprecation — but I am not very good at it.

这里有一个入门级的自贬式笑话，适合处于职业阶梯底层的喜剧演员：

我有一个梯子，一个非常漂亮的梯子。但很遗憾，我压根儿不知道我真正的阶梯在哪里？

I have a stepladder. It is a very nice stepladder, but it is sad that I never knew my real ladder.

此类笑话最成功的，当属英国艺人鲍勃·蒙克豪斯（Bob Monkhouse）的笑话：

当我说我想成为一名喜剧演员时，他们都笑了。但现在他们却不笑了。

They all laughed when I said I wanted to be a comedian. They are not laughing now.

毫无疑问，亚里士多德和霍布斯把幽默的一个重要特征锁定在了优越理论上。但他们都只抓住了幽默这只怪兽的一个局部，一只脚或一个屁股。一个完整的幽默理论需要解释，为什么在文字上玩的双关语是有趣的，哪怕这个故事没有任何受害者或笑点。事实上，某些笑话中可能完全没有人物作为对象，就像这些例子一样：

> 时间飞逝如箭，果蝇爱香蕉。[a]
>
> Time flies like an arrow, fruit flies like a banana.
>
> 如果一头猪失去了声音，它会感到不满吗？[b]
>
> If a pig loses its voice, is it disgruntled?
>
> 违法和非法有什么区别？违法就是违法，而非法是一只生病的鸟。[c]
>
> What is the difference between unlawful and illegal? Unlawful means against the law, illegal is a sick bird.
>
> 我去了动物园，当我到那里时，他们只有一只狗。那是一只狮子狗。[d]
>
> I went to the zoo, and when I got there all they had was a dog. It was a shih tzu.

(a) 这句话是一个双关语，利用了"flies"（飞）这个词的多义性。原文中"time flies"（时间飞逝）是一个常见的表达，意思是时间过得很快。而"fruit flies"（果蝇）则是一种小昆虫的名字。这个笑话的幽默点在于将"flies"（飞）这个动词用于不同的上下文中，形成了一个意想不到的对比。——译者注

(b) 这句话利用了"disgruntled"（不满的）一词的双关意义。一方面，"disgruntled"可以指一个人感到不满或恼怒；另一方面，"disgruntled"可以拆分为"dis-"（否定）和"gruntled"（满足），形成一种虚构的反义词。因此，这个笑话在问，如果一只猪失去了声音，它是否会感到不满（失去了"gruntled"）。——译者注

(c) "illegal"这个单词可以拆成"ill"（生病的）和"egal（音似"eagle"老鹰）。——译者注

(d) "狮子狗"（shih tzu）的英文发音与"shit zoo"（狗屎动物园）相似的谐音效果。——译者注

双关语类的笑话也可以是双语的：

一只名叫"123"的英国猫与一只名叫"123"的法国猫进行了游泳比赛。哪只猫赢了？英国猫，因为那只法国猫沉了。(a)13

An English cat called One-two-three had a swimming race with a French cat called Un-deux-trois. Which cat won? The English cat, because Un-deux-trois cat sank.

根据弗洛伊德的理论，恐惧和性之间是什么？是数字5（Fünf）。(b)

According to Freud, what comes between fear and sex? Fünf.

如果优越感不是幽默的根本要素，那么在所有让我们发笑的事情中，是否还有另一个基本要素呢？西格蒙德·弗洛伊德（1856—1939）是精神分析的创始人，也是笑话的大收藏家。他认为，笑话允许我们释放通常被视为禁忌的潜意识。

(a) "123"在英语和法语中分别是"One-two-three"和"Un-deux-trois"，但"Un-deux-trois"在法语中还有"不许动"的意思。——译者注

(b) 在英语中，"恐惧"（fear）的发音与德语中的数字"4"（four）相近。而英语中的"性"（sex）的发音与德语中的"6"（six）相似。所以"4"与"6"之间应该是"5"，即"Fünf"。——译者注

一位精神分析师询问他的病人，他去探望母亲的情况如何。

病人说，"一切都不顺利。我犯了一个可怕的弗洛伊德式的错误。"

"真的吗？"分析师说，"你说了什么？"

"我本想说'请把盐递给我'。但说出口的却是'你这个烂人，你毁了我的生活！'"

A psychoanalyst asks his patient how his visit to his mother went.

The patient says,'It did not go at all well. I made a terrible Freudian slip.'

'Really,' says the analyst,'what did you say?'

'What I meant to say was "Please pass the salt." But what came out was," You bitch, you ruined my life!"'

因此，弗洛伊德式失误的定义是"当你想说某件事情的时候，脱口而出的却是骂娘"。但是当涉及到无意识时，总是能找到问题的客观解释：

一个精神分析师给病人看了一张纸上的墨迹，然后问他看到了什么。

病人说："一个男人和一个女人在温存。"

精神分析师又给他看了第二个墨迹，病人说："这是另一对男人和女人在温存。"

精神分析师说："你满脑子里都是性爱！"

病人回答说："你什么意思？我满脑子里都是性爱？明明你才是这些肮脏图片的拥有者。"[14]

A psychoanalyst shows a patient an inkblot and asks him what he sees. The patient says, 'A man and a woman having sex.'

The psychoanalyst shows him a second inkblot and the patient says, 'It is another man and woman having sex.'

The psychoanalyst says, 'You are obsessed with sex!'

The patient replies, 'What do you mean, I am obsessed? You are the one with all the dirty pictures.'

有时，弗洛伊德说雪茄就是雪茄［格劳乔·马克斯（Groucho Marx），另一位雪茄迷，一定会同意他的这个观点］。弗洛伊德写过一本书，名为《笑话及其与无意识的关系》（*Jokes and Their Relation to the Unconscious*）。在书中，他试图从其他人的观察中提炼出一种单一的精神分析理论，这些人试图用不同的方法定义幽默的本质。下面是弗洛伊德收集的一个频繁被引用的笑话：

餐桌上的一个男人把手浸在蛋黄酱里，然后用手梳理头发。当他的邻居惊讶于他的行为时，这个人道

36

歉说:"哦!很抱歉。我还以为是菠菜呢。"[15]

A man at the dinner table dipped his hands in the mayonnaise and then ran them through his hair. When his neighbour looked astonished, the man apologised: 'Oh! I am so sorry. I thought it was spinach.'

弗洛伊德希望他的精神分析理论能够解释笑话是如何将理性和荒谬两者有趣地组合在一起的,让听者先是迷惑不解,然后又得到启发。这些元素确实在大多数笑话中都能被识别。故事的设定是谜题,而笑点则是启发。弗洛伊德得出的结论是,笑话的乐趣来自笑点传递的一种精神宣泄。他还不辞辛劳地剖析了一串笑话,比如,他把其中的逻辑拆解开来:

一位先生走进一家糕点店,点了一块蛋糕,但他很快就把蛋糕拿了回来,换了一杯利口酒。他喝了酒,没付钱就走了。店老板拦住了他。

"你想干什么?"顾客问。

"你还没付酒钱呢。"

"酒是我用蛋糕换的啊。"

"你也没有付蛋糕钱啊。"

"可我没有吃蛋糕啊。"

A gentleman entered a pastry-cook's shop and ordered a cake, but he soon brought it back and asked for a glass of liqueur instead. He drank it and began to leave without having paid. The proprietor detained him.

'What do you want?' asked the customer.

'You have not paid for the liqueur.'

'But I gave you the cake in exchange for it.'

'You did not pay for that either.'

'But I had not eaten it.'

弗洛伊德不确定顾客和店主之间的这种交流是否真的是一个笑话，这表明他对笑话的先入之见可能影响了他的幽默感。但是，公平地说，当弗洛伊德写这个的时候，马克斯兄弟还没有把疯狂的巧辩变成一项成功的家族事业：

一天早上，我穿着睡衣射杀了一头大象。他怎么会在我的睡衣里，我不知道。[a]16

One morning I shot an elephant in my pyjamas. How he got in my pyjamas, I do not know.

格劳乔·马克斯看到了弗洛伊德所忽视的东西——"幽默是失去理性的理性"。没有比马克斯兄弟的电影更疯狂的了。虽然幽默无疑能够宣泄情感，但根据弗洛伊德的理论，人们在观看马克斯兄弟的电影时会因为幽默感被净

(a) 原句有歧义：既可以解释为"我穿着睡衣射杀了一头大象"，也可以解释为"射杀了一头穿着我睡衣的大象"。——译者注

化而笑得越来越少。实际上，情况恰恰相反。每个喜剧演员都意识到有必要让观众热身。一旦观众进入状态，就更有可能对下一个噱头发笑。为了让观众捧腹大笑，喜剧演员要让笑料源源不断。肯·多德（Ken Dodd）的标准是一分钟要有六次插科打诨，而他似乎可以一直这样做下去。当他看到一名观众在看手表上的时间时，他戏谑道："看我的演出你不需要手表，需要的是日历。"在一个小时内，创造笑话数量最多的吉尼斯世界纪录保持者是蒂姆·维恩（Tim Vine），他在 60 分钟内让听众笑了 499 次。[17]蒂姆·维恩擅长搞笑双关语，常常带有讽刺的转折：

结膜炎网站——这是一个令眼睛疼痛的网站。[(a)18]

Conjunctivitis.com — That's a site for sore eyes.

今天居然有人夸我的开车技术。他们在挡风玻璃上留了个小纸条。上面写着："车停得好。"这表扬还真不错啊。[(b)]

Someone actually complimented me on my driving today. They left a little note on the windscreen. It said, 'Parking Fine.' That was nice.

（a）"眼睛疼痛（sore eyes）"这个短语的双重含义。从字面上讲，"眼睛疼痛"通常指的是结膜炎。然而，蒂姆·维恩巧妙地将"眼睛疼痛"这个短语在形象上引申为指视觉上吸引人或有吸引力的东西。通过文字游戏暗示"结膜炎网站"是一个视觉上令人愉悦或迷人的网站。——译者注

（b）原文中"fine"是双关语，此处不是"好"的意思，而是"停车罚款"的意思。

我正在阅读讣告专栏。上面写着："火星酒吧、一包罗罗糖、双层。"然后我意识到我正在阅读的是"有点儿嚼劲"的专栏。[a]

So I was reading the obituary column. It said, 'Mars bar, packet of Rolos, Double Decker.' Then I realised that I was reading the 'a bit chewy' column.

弗洛伊德的幽默理论被证明是错误的，因为人们总是在不停地笑。另一方面，马克斯兄弟的幽默仿佛是一束耀眼的聚光，指明了一个似乎普遍存在的幽默特性：反差。观众在听笑话时的预设是一个方向，而笑点则被设定为另一个方向，两者之间的反差通过疯狂推理来解决。你会在这本书中的每一个笑话里找到某种反差，我敢打赌，你能想到的每一个笑话里都有。查尔斯·达尔文以他特有的洞察力，在150年前就已经"染指"于此。尽管成年人发笑的原因很复杂，但他在书中还是这样写道：

某种反差或无法解释的事情，引发了哈哈大笑的人的惊奇和某种优越感，这似乎是最常见的原因。发出笑声的人必须是心情愉快的，当然前提是这些令人发笑的东西都是无关紧要的。[19]

(a) 这个笑话涉及了一个双关语和幽默的转折。他声称自己在阅读讣告专栏，列出了一些食品的名字。然而，当他提到"有点儿嚼劲"的专栏时，听众或读者才意识到他误将"讣告专栏"（obituary column）听作"有点儿嚼劲"（a bit chewy）。

亚里士多德可能理解反差对幽默的重要性，[20]但通常认为，哲学家伊曼纽尔·康德在1790年出版的《判断力批判》（*Critique of Judgement*）[21][a]一书中首先提出了这一观点。

康德，现在是一个不能随便说出，或者至少不能大声喊出来的名字。纽约哥伦比亚大学的哲学教授西德尼·摩根贝瑟（Sidney Morgenbesser）有一次在离开地铁时点燃烟斗，被一名警察拦下。他抗议说，虽然车站里禁止吸烟，但他实际上是在外面抽的。"好吧，好吧，"警察说，"但如果我让你逍遥法外，我就不得不让每个人都逍遥法外。"摩根贝瑟（玩笑式地）回答道："你觉得自己是谁——康德吗？"[22]几小时后，另一位哲学教授不得不将摩根贝瑟从当地的监狱中保释出来，这位教授向警方解释说囚犯使用的四个字母的单词是专有名词[a]，并不是咒骂词。

摩根贝瑟期望地铁上的警察意识到自己在对话中引用了康德的伦理学原则——绝对命令（Categorical Imperative），其意味着在法律面前所有人都应该被平等对待。但这样的想法可能是不合理的。因为不是每个人都是康德的忠实粉丝。据说哲学家伯特兰·罗素（Bertrand Russell）曾说过：

康德之前的哲学家比康德之后的哲学家有巨大的优势，因为他们不必浪费时间去研究康德。

康德的幽默理论认为，当"紧张的期待落空"时，人

(a) 即康德"Kant"。——译者注

就会发笑。要让警察把对摩根贝瑟的惩罚取消，还能够理解摩根贝瑟的玩笑话，可能性实在是太小了。因为对笑话加以解释，就不大可能有趣。康德用一些蹩脚的笑话来证明他的理论，其中最好的例子是下面这个反讽的笑话：

一个富人的继承人抱怨说，他找不到合适的专业丧葬悼念者参加亲戚的葬礼，因为他支付给他们的越多，他们看起来就越开心。

康德认为肆无忌惮的大笑需要荒诞不经的刺激。虽然这可能是真的，但值得注意的是，反过来可不一定是这样的，因为不是所有的荒诞不经都是有趣的。比如，M.C.埃舍尔（M.C. Escher）关于"不可能的结构"的版画作品与鲁布·戈德堡（Rube Goldberg）或希斯·罗宾逊（Heath Robinson）的漫画一样荒谬，但这些版画并不让人觉得好笑。它们的不同之处在于：尽管荒谬，漫画能通过解决反差而创造乐趣；而埃舍尔那些没有终点的楼梯和其他不可思议的几何结构仍然是无法破解的谜题。它们就像有情节设定而没有笑点的笑话，当然，笑点也无处可设。

为什么鸡要穿过莫比乌斯环？

为了到达另一边……不，等一下……

Why did the chicken cross the Möbius strip?

To get to the other ... no, wait ...

如果你还是想要进一步证明，需要某种解决办法才能产生笑声的话，不妨想想看，国家艺术收藏中的超现实主义绘画作品并没有被一群哈哈大笑的人包围。艺术大师萨尔瓦多·达利（Salvador Dalí）是马克斯兄弟的崇拜者，他为一部名为《骑马吃沙拉的马克斯兄弟》（*The Marx Brothers on Horseback Salad*）的剧本绘制了故事版，里面有一些视觉上的笑话，比如一个有23只胳膊的眼球，36只胳膊睡在沙发上，以及格劳乔用6只胳膊在接听10个电话。由于没有故事情节，这部电影在没有趣味性的同时也会显得荒谬，因此从未被拍成电影[23]。要让理性疯狂成为有趣的事情，它需要一个有善意解决防范的故事描述。沙发上的一堆胳膊可能是可怕的，也可能是有趣的，这取决于故事描述如何解释这一反差的场景。

长篇故事笑话是具有长篇叙述铺垫的笑话，听众最终会成为笑话的对象。在20世纪70年代中期，当我还是一名学生时，我在布莱顿一个酒吧楼上的拥挤房间里，听到了英国民谣歌手A.L.劳埃德（A.L. Lloyd）表演了一个令人难忘的类似笑话：

> 大概是1936年或1937年，由于在伦敦没有找到工作，于是我签约在一艘名为"南方皇后号"的捕鲸船上做一名甲板水手。从伦敦航行到南大西洋的南乔治亚岛需要大约一个月，晚上我们围坐在一起喝酒、唱歌、讲故事。有一个老人曾经在老式帆船上工作过，他告诉我们他第一次航行时遇到了一个"cushmaker"。

他以前从没听说过"cushmaker"，对这份工作感到好奇，想知道究竟是干什么的。在整个航行期间，他每天都在观察这个人，他看到那个人在用木头建造某种建筑结构。他花了一周的时间搭建了一个盒子状的框架，然后开始在里面搭建金字塔形的框架。当这一切完成后，这位"cushmaker"又花了一个星期，用一根巨长的黄麻绳织成了一张悬挂在金字塔内部的网。然后，他从货舱里拖出一个装满蜡的大麻袋，需要两个人把它吊到织好的网中间。每天，船长都会问"cushmaker"："我们准备好了吗？"他会回答："是的，船长，我们快要完成了。"几个星期过去了，期待感达到顶峰，船上的每个人都在期待着"cushmaker"完成工作的那一天。终于，某一天，"cushmaker"发出了信号，船长命令每个人都到甲板上准备迎接这个重大事件。船队使用滑轮组把这个沉重的装置吊到空中，起重机的吊臂在船舷上来回晃动。寂静笼罩着聚集的人群。船长点了点头，"cushmaker"拉动绳子，松开了那个装置，它扑通一声掉进了海里。然后，当它慢慢沉入海底时，每个人都能清楚地听到一声长长的嘶嘶声（cussshhhh）。

In 1936 or 7, it was, there was no work to be had in London and so I signed on as a deckhand on a whaling ship called the Southern Empress. The voyage down to South Georgia in the South Atlantic took the best part of a month and at night we'd sit around and drink, sing songs, and tell stories. There was one old fella who'd been on the old sailing ships and he told us about one of his first voyages when he'd met a cushmaker. He'd never heard of a cushmaker before and wondered what the job might be. He watched the man day by day as they sailed towards the whaling grounds and saw that he was building some kind of structure out of wood. It took a week for him to build a box-like frame of long spars and then he began to construct a pyramid-shaped frame inside it. When that was finished, the cushmaker got a huge length of jute rope with which he wove a web suspended inside the pyramid. That took another week, and when it was done, he hauled up from the hold a large hessian sack filled with wax. It needed two men to hoist this into the structure where the cushmaker spliced it into the middle of the web. Every day the captain would ask the cushmaker, 'Are we ready yet?' and the cushmaker would reply, 'Aye, sir, we are nearly there.' After many weeks, the sense of anticipation had built to great heights and everyone on board was looking forward to the day when the cushmaker's work would be ready for use. Then, finally one day the cushmaker gave

45

the sign and the captain ordered everyone on deck for the big event. A block and tackle was used to hoist the heavy structure up into the air and then the jib of the crane was swung out over the side of the ship. A great hush spread over the assembled men. The captain gave a nod and the cushmaker pulled on a rope that released the structure which fell with a crump into the sea. Then, as it slowly sank beneath the waves, everyone could distinctly hear a long cusssshhhh.

当A.L.罗伊德在布莱顿的酒吧里讲述这个故事时，每一步他都辅以手势说明。他让一屋子的人都全神贯注，直到最后讲到那嘶嘶声（cussshhhh）的笑点时，他还夸张向下张开双手伸进到想象中的海洋里。房间里发出一阵哄堂大笑和难以置信的声音。这是个好故事，当然我们都上当了。在讲述过程中，A.L.罗伊德被风吹日晒的面庞和水手般的形象，以及给我们唱过的水手号子，包括他确实曾在捕鲸船上工作过的经历，都为故事增添了色彩。

作为应用于幽默本体的手术刀，"cushmaker"这个笑话或许比大多数笑话更清楚地表明了认知在幽默中的重要性。你需要关注故事情节，让故事在脑海中形成一幅幅画面，同时，你还要一直努力使这幅正在形成的画面具有意义。归根结底，这些元素与任何笑话都是一样的：反差、荒谬、情景预设和笑点，但冗长的叙述显然需要听众做大量的工作，所以最后你会觉得自己被骗了。所有的笑话都需要听者付出努力，但不会像听这个笑话付出那么多努力，只得到这么一丁点儿的回报。但如果把这个笑话讲成"'cushmaker'制造了'cush'声"，那你对这个笑话还有什么好期待呢？笨蛋！

自1790年以来，哲学家和心理学家们对康德的幽默理论进行了反复推敲。围绕着反差的重要性及其解决方案，这里加一个限定，那里做一点儿改进，直到形成了某种类似于现代共识的东西。现在，我们可以清晰地看到幽默是如何在大脑中产生的了。其中涉及到三个核心过程：思维（理解）、情感（开心）和运动控制（笑的身体行为）。

认知始于我们从先前经验中获得的一系列预期，然后将其应用于"某天早上我穿着睡衣射杀了一头大象"这样的设定所提供的信息。我们最初的假设是：讲这个笑话的格劳乔穿着睡衣。大脑是一台产生假设的机器，它不断地对所有的感官输入进行这种假设工作。这种假设产生的过程并不局限于幽默，它是认知的基础，就像心脏跳动之于血液循环一样。当你第一次读到一个像"春天的巴黎"这样简单的句子结构时，通常不会注意到这个句子结构的错误。你的大脑会感知到它期望读到的内容，而不是实际读到的内容。2018年，国泰航空公司在一架飞机的侧面用巨大的字母拼错了自己的名字（Cathay Pacific Airlines 拼成了 Cathay Paciic）[24]。然而该公司似乎没有人注意到这一点，直到有乘客在社交媒体上问道，这是否意味着国泰航

空公司不再飞行了？还是没有头等舱了？[a]

顾名思义，假设是一种初步的想法，需要用更多的信息来验证。现在这个笑点的信息来了：*"他是怎么钻进我的睡衣的，我不知道。"* 这就要求我们修正最初的假设：所以，穿睡衣的是大象，而不是格劳乔。这两种假设是反差的，只有在大象穿睡衣的荒谬世界里才能得到解决。不知道为什么，我们就是觉得很好笑。稍后我们将探讨为什么我们会因为反差而发笑。与此同时，你可能会想，是否有科学证据表明让我们发笑的是反差，而不是大象、睡衣或格劳乔标志性的、古怪的外形。这些东西可能也会让我们感到有趣，但有神经学证据表明，大脑皮质的某个特定区域负责检测反差。一旦检测到反差，另一个区域就会处理解决这种反差（笑点），再由第三个区域产生出娱乐情绪，第四个区域则会控制产生笑声的肌肉运动。

一种名为功能性磁共振成像（functional Magnetic Resonance Imaging，fMRI）的非侵入式技术使人们有可能看到一个人的大脑内部，从而检测出他在听笑话或完成一项心理任务时大脑的哪些特定部位正在发挥作用。心理学家陈玉珍博士和她在中国台湾的研究小组利用 fMRI，精确定位了大脑皮质中参与幽默的认知过程的不同区域。参与实验的志愿者们看到了三种不同版本的笑话。[25]所有版本都有相同的情节设定，比如下面这个例子：

(a) 原文中拼写错误里缺少了字母 F，可以理解为对应"Flight"（飞行）一词，也可以理解为客舱等级中的"First Class"（头等舱）。——译者注彼得买回了一些农田后，就开始用拖拉机犁地。没过多久，他发现了一颗被拖拉机挖出来的门牙。彼得觉得有点儿奇怪，但还是继续犁地。大约100米后，他又发现了另一颗牙齿。"这块地肯定有什么问题。"彼得心想。再走了30步，又发现了几颗牙齿。现在彼得真的吓坏了。当天晚上，他就写邮件给这块地的前任主人，询问道："这块地曾经是墓地吗？"

Peter bought some farmland and started ploughing it with a tractor. Not long afterwards, he found a front tooth that the tractor had dug up. He felt a bit strange but kept on ploughing. About a hundred meters later, he found another tooth. 'Something is definitely wrong,' he thought to himself. After just 30 more steps, he found several more teeth. Now he was really frightened. That night he wrote to the previous owner of the land and asked, 'Was this piece of land ever used as a graveyard?'

在第一个版本的笑话中，笑点是这样的：

两天后，农场的前主人回复说："不是墓地。不用担心。之前这里曾经是个足球场。"

Two days later, the old owner replied, 'No. Don't worry. It used to be a football field.'

这个版本的笑话同时包含了反差及其对应点。为了区分大脑对幽默中出现的反差及其对应点，参与实验的志愿者们还看到了这个笑话的另外两个版本。在其中一个例子中，笑点有其对应点，但没有出现反差：

　　两天后，前主人回答说，"是的，实际上那块地之前就是一块墓地。"
　　Two days later, the former owner replied, 'Yes, actually it was a graveyard.'

而在第三个版本中，对应点是荒谬的，所以虽然有反差，但没有对应的笑点：

　　两天后，前主人回答说："是的，悬崖就在你身后！"
　　Two days later, the old owner replied, 'Yes, the cliff is now behind you!'

经过对比志愿者在总共64个不同笑话中接受不同的反差及其对应笑点的大脑扫描结果，发现受试者体会到反差时，其大脑皮质的右侧颞中回和右侧额叶内侧回两个部分会活动。当反差对应到笑点时，大脑皮质的另外两个部分，左侧额上回和左侧顶叶下小叶则被扫描到产生了相关活动。类似的实验还发现了另外四个大脑区域，主要在大脑的杏仁核和下皮层：负责处理感受到反差带来的笑点引发的愉悦感。[26]

50

大脑的这些不同区域被连接在一个运行的神经回路中：检测到反差→感受到反差带来的笑点→产生愉悦感。然后，神经活动扩散到下丘脑和脑干，它们控制着肌肉，将愉悦感转化为身体笑声。这些实验和其他类似的实验证实，人类大脑处理幽默的步骤与"由反差而感受到笑点的假说"的步骤完全一致。为精减文字，我从现在起，将之简称为"反差说"，因为我们接下来将对此进行"大肆歌颂"。

歌舞

爱乐乐团昨晚演奏了贝多芬。贝多芬本人听了也得甘拜下风。

这当然是个用语言反讽创造的幽默笑话，但你只要听一听朴次茅斯交响乐团（可能是世界上有史以来最糟糕的乐团），如何笨拙地演奏《威廉·退尔序曲》（*William Tell Overture*）的音乐小节，你就能体会到音乐中的不协调带来的反差听起来是什么样子，以及它有多么搞笑。[1]但是，让我们发笑的是优越感还是笑话带来的反差？也许我们既嘲笑糟糕的音乐家，也嘲笑糟糕的音乐？朴次茅斯交响乐团的情况可能是二者皆有的，但优越性假设无法解释为什么最有趣的音乐笑话是由最好的音乐家而不是最差的音乐家制造的。在被称为"杂曲（quodlibet）"[a]的音乐创作风格中，作曲家将不同来源的旋律并置在一起，给听众带来惊喜和喜剧效果。据巴赫的传记作者说，巴赫家族就曾在家族聚会时即兴演奏过这种"杂曲"：

(a) 一般被译为"杂曲"，但在拉丁语中意为"任何你喜欢的"。——译者注

人一到齐，他们就先进行了合唱。以这个虔诚的开端作为开始，接着演唱了一些带有强烈反差的幽默小段子。也就是说，他们唱的是通俗歌曲，其中既有滑稽的内容，也有不雅的内容，都是一时兴起混杂在一起的……这种即兴的和声被他们称为"杂曲"，不仅（他们）自己能笑得前仰后合，而且（它）还能引起所有听到的人同样发自内心的、无法抗拒的笑声。[2]

这样的家庭传统甚至潜移默化地渗透进巴赫的日常工作。钢琴曲《戈德堡变奏曲》（*Goldberg Variations*）的最后一首（第30首）变奏曲就是"杂曲"，其中引用了多首德国民歌，其中一首名为"是卷心菜和萝卜把我赶走了，要是我妈妈煮了肉，保不准我会选择留下来"。许多其他古典作曲家也创作过音乐幽默曲，包括巴赫、德彪西、海顿、莫扎特和柴可夫斯基等。[3]

在现代，"杂曲"的杰出代表是音乐幽默家彼得·席克尔（Peter Schickele），他会演奏P.D.Q.巴赫[a]最新发现的作品，P.D.Q.巴赫是巴赫夫妇约翰·塞巴斯蒂安·巴赫和安娜·玛格达莱纳·巴赫在拥有了第20个孩子后的第21个孩子。所有P.D.Q.巴赫的作品都是在现场观众面前录制的，并且这些录音已经被用来分析诊断席克尔演出中引发欢笑的音乐元素。席克尔（其实就是P.D.Q.巴赫）的音乐笑话里包括突然转换的音乐流派，比如在他的《未开始》交响

（a） 这是席克尔创作的虚构音乐人物。——译者注

曲中，会突然插入一段吹奏"Ta-ra-ra-boom-tee-eh"和"康城赛马曲（De Campdown Races）"的小号独奏，而这段插入与抒情的行板形成鲜明对比。总共有九种不同类型的音乐恶作剧，它们都通过违背观众的期望，产生某种不协调的反差效果来制造笑料。在录音中，转换流派的恶作剧引发了最大的笑声，与约翰·塞巴斯蒂安所处时代的情况如出一辙。[4]

大脑听觉皮层的扫描显示，人们在聆听熟悉的旋律时，会很快发现音调不对的音符，只需1/10秒就能对这种不协调做出反应。[5]事实上，熟悉西方音乐但没有接受过正规音乐训练的人，甚至从未听过的旋律中也能发现不协调之处。[6]尽管迄今为止，这种大脑反应只在接触西方音乐传统的人中进行过研究，但完全有理由认为，这一现象在其他文化中也同样存在。例如，音乐笑话在爪哇加麦兰音乐中很常见，音乐家在结构严谨的乐曲中引入不协调因素，以达到喜剧和戏剧效果。[7]

有证据表明，即使在语言和音乐领域之外，不协调所带来的反差也可能引人发笑。50年前，瑞典心理学家戈兰·奈哈特（Göran Nerhardt）进行了一项巧妙的实验，他在无笑话的情境下给受试学生们布置了一个简单的任务，旨在测试他们面对反差时的反应。[8]每个受试者都会拿到一系列的砝码，当他们拿到每一个砝码时，都会被要求按照从很轻（实际重量740克）到很重（2.7千克）的6级标准来判断砝码的重量。在对所有重量进行多次试验后，受试者最终拿到了一个比他/她以前举过的任何重量都轻得多的砝码。出乎意料的轻砝码引发了受试者的笑声。

这个实验以及随后的类似实验都支持这样一种观点，即使脱离了笑话和明显幽默的语境，非威胁性情境中的不协调带来的反差本身就是有趣的。然而，瑞典研究的一个特点表明，我们需要对这一观点的解释进行限定。戈兰·奈哈特先对在火车站候车的乘客进行了同样的实验，但实验失败了。似乎在候车的场景下，人们并没有大笑的心情。与此形成鲜明对比的是，在随后成功进行的研究中，学生们却表现得非常活跃，即使在没有拿到明显有重量反差的砝码之前，他们在实验过程中也笑得很开心。不协调带来的反差增强了他们的笑声，但结果并不是非此即彼。因此，正如查尔斯·达尔文在一个世纪前所观察到的那样，尽管我们可以从戈兰·奈哈特的研究中得出结论，不协调带来的反差本身可能引发笑声，但身处其中的人必须有合适的心情，至少他们不用担心错过火车。

各种不协调带来的反差现象都能让人发笑，这一发现对幽默的进化起源有着深远的意义。尽管笑话和说话时的打趣是我们现在生活中主要的幽默方式，但口语幽默所需的语言技能却是在最近的大约50万年内才演化出来的。[9]因此，口语幽默肯定是比其他常见的不协调反差的幽默出现得更晚。

迈向幽默的第一个进化步骤必然始于一种普遍的心理能力，即将预期与各种感官输入（包括视觉、听觉和触觉输人）进行比较。这种能力对生存至关重要。随后，那些可以良性解决的不协调现象就引发了笑声。很久很久以后，当语言进化时，语言中包含的不协调因素与现有的幽默机制相结合，于是，笑话诞生了!

反差说解释了幽默的许多特性。首先，它解释了为何幽默如此主观。对一个人来说似乎很有趣的事情，在另一个人看来却很难看出其中的笑点，因为他们没有相同的预期和经验。在砝码实验中，戈兰·奈哈特必须先让受试者对他所使用的砝码范围有一定的预期，然后再向他们展示一个有反差的砝码，让他们发笑。据说以提出万有引力理论而闻名的艾萨克·牛顿爵士，并不幽默，他一生中只笑过一次，就是在有人问他欧几里得的《几何原本》（*Elements*）有什么用时。在他看来，这是一个荒谬而可笑的问题，因为他从孩童时期就一直研究欧几里得的几何学。然而，对于我们大多数普通人来说，这个问题可能会让我们思考，或者令我们困惑，却不会让我们觉得可笑。

幽默中不协调的主观性也可以解释为什么优越感会出现在如此多的笑话中。在以他人为代价的笑话中，我们是在嘲笑他人与我们之间的反差（不协调）。大卫·李维或其他什么人怎么会如此愚蠢? 如果你知道大卫·李维是谁，或者你也有关于某些族裔很蠢的偏见，那么这些笑话就会奏效。如果你不知道，你可能会从知识层面上去理解这个笑话，但不会觉得好笑。优越感之所以如此频繁地出现在笑话中，就是因为"我们"和"他们"之间的差异是如此丰富，而且是可分享的反差来源。因此，从理论上讲，任何优越性假说所能解释的东西，反差假设也可以解释。这使得优越性假说变得多余。反差假设则更多地抓住并解释了幽默这头大象。

反差假设也可以说明为什么解释会毁了笑话。解释把疯狂的理由变成了普通的理由，从而戳破了气球。为了使笑话有趣，笑话中的不协调性需要通过两种不相容的解释来碰撞产生，但是通过解释某个笑话，就会使不同的解释彼此相容，因此幽默感就消失了。重复一个笑话也会产生同样的效果，因为一旦我们听过这个笑话，这种不协调带来的反差就会成为我们对世界的一部分期待。因此，霍布斯认为笑话必须包含新意和惊喜。

一个人进了监狱，第一天晚上他正想入睡，听到一个囚犯大喊"41!"接着狱友们就发出一阵笑声。他没在意，但接着又是一声"33!"和另一阵笑声。

"怎么回事?"他问狱友。

"嗯，我们在这里听过好多笑话，重复听了太多次，为了节省时间，我们给每个笑话编了号。"

"哦，"他说，"那我能试试吗?"

"当然，请便。"

于是，他大喊一声"102!"现场一片骚动。歇斯底里的笑声从一个牢房传到另一个牢房，此起彼伏。最后，笑声终于平息了，新来的囚犯转向他的狱友，后者正在擦拭眼中笑出来的泪水。

"所以102号是个很有趣的笑话，是吗？"

"是啊！我们以前从来没听过！"

A man goes to prison and the first night he's trying to get to sleep when he hears a prisoner yell out, '41!' followed by a chuckle from his cellmate. He thought nothing of it, but then there was a cry of '33!' and another chuckle.

'What's going on?' he asks his cellmate.

'Well, we've heard every joke in here so often, we've numbered them to save time.'

'Oh,' he says, 'can I give it a try?'

'Sure, go right ahead.'

So, he yells out '102!' and there is uproar. Hysterical laughter sweeps from cell to cell and landing to landing. Eventually the laughter subsides, and the newbie turns to his cellmate who is wiping tears of mirth from his eyes. 'That was a good one, eh?'

'Yeah! We ain't never heard that one before!'

新奇固然好，但孩子们喜欢听和复述熟悉的笑话，而且有些笑话是大人也想听了一遍再听一遍。这些现象都很难仅仅用反差说来解释，还需要更多的理论支撑。我猜想，在这些情况下，笑话不仅仅是一个笑话，也是一种增进感情和重温记忆中快乐时刻的手段。别忘了，笑声是在我们开心时产生的，而不仅仅是在我们听到有趣的事情时才会发笑的。肯·多德经常被观众要求重复一个关于三足鸡的笑话，因为他的表演方式引人入胜。我就不剧透了。你可以在网上找到相关视频[10]。

第一次看到这个笑话的表演时，不协调带来的反差感觉会让人发笑。此后，重复观看仍然会让你从快乐中重拾笑声。反差说还面临着其他挑战。例如，哲学家史蒂文·金贝尔（Steven Gimbel）认为，像汤姆·莱勒（Tom Lehrer）的《当你老了，白发苍苍》（*When You Are Old and Gray*）等歌曲之所以能让我们发笑，是因为押韵非常一致，巧妙地列出了汤姆的女朋友不应推迟与他亲密的所有理由，因为当他们老了：

极度虚弱，

功能衰退，

行动不便，

极有可能。

十之八九，

我会失去我的男子气概……[a]

……以此类推，又是10行押韵的巧妙诗句。

我想说的是，保持这样的押韵是非常不协调、出乎意料和不寻常的，但这只是我的主观判断。问题就在这里：

（a） 原文每一行英文单词都以ity押韵结尾。——译者注

决定某些要素是否不协调，是主观的。如果反差说所依赖的概念过于模糊，无法对其进行检验，那么它怎么能被称为科学呢？也许，反差之所以被认为是幽默的必要条件，是因为它与许多其他事物混淆在一起。史蒂文·金贝尔认为，我们笑"当你老了，白发苍苍"是因为这个笑话太妙了。[11] 其中包含的优越感、荒诞感和对身体机能的提及，让我们捧腹大笑。当我还是一名学生时，我和一些朋友制作了一本杂志，并在封底印上了如何制作折纸避孕套的图解说明。我们觉得自己很聪明，因为这个笑话让我们把自己的优越感与荒诞感和性融为一体了。在这样的甜点中，不协调性可以被剥离和隔离出来吗？

三位心理学家就接受过这一挑战，他们向300名学生志愿者布置了一项任务：利用反差和与性相关的成对词语创造幽默笑话。[12] 例如，学生们要用"金钱"和"巧克力"这对毫不相关的词组，或者用"金钱"与"性"这对不协调的词组来编造出五组反映二者之间有相似性或不同之处的笑话。学生们的回答如下：

金钱和巧克力的区别在于，一个让钱包膨胀，另一个使臀部膨胀。

The difference between money and chocolate is that one swells the wallet and the other swells the hips.

金钱和巧克力之间的相似之处在于，它们都不会持续很长时间。

63

The similarity between money and chocolate is that neither lasts very long.

爱情和友情的相似之处在于都有字母"e"。

The similarity between love and friendship is that both have the letter 'e'.

所有笑话的有趣程度由未参与该任务的独立评委评估。研究发现，与包含有协调词对的回答相比，不协调的词对所产生的回答更有趣，强调差异的回答比强调相似性的回答更有趣。性或其他带有感情色彩的词语对回答的有趣程度没有明显影响。在这项研究中，正是不协调性，也只有不协调性本身才会使反应变得有趣。

不协调带来的反差不仅是幽默的必要元素，而且可以用来识别笑话。

一位（犹太教的）拉比、一位（天主教的）神父和一位（基督教的）牧师一同走进一间酒吧。酒保说："这是什么情况——是某种笑话吗？"

酒保在此意识到了一个经典的笑话设定——这就是笑话。连大猩猩都应该听过类似的笑话：

一位拉比、一位牧师和一只大猩猩走进一家酒吧。大猩猩环顾四周说："太搞笑了，我一定是走错了地方。"

A rabbi, a priest, and a minister walk into a bar. The bartender says, 'What is this — some kind of joke?'

The bartender recognises a classic joke set-up —
and that's the joke. Even gorillas have heard these
jokes:

A rabbi, a priest, and a gorilla walk into a bar.

The gorilla looks around and says, 'I must be in
the wrong joke.'

这些都是关于笑话的笑话。如果你是那种把幽默看得
太重的可怜之人，你就会给这些东西贴上元笑话的标签，
然后把它们偷偷地藏在自己的床下，放在一个铺着天鹅绒
的盒子里，这样就没人会嘲笑它们了。偶尔，也许是在生
日那天，你会把它们拿出来幸灾乐祸一番。

不过，上面笑话中酒保提出的问题也是计算机语言学
的一个研究课题。我是说计算机语言学。令人困惑的是，
这并不是语言学的某个研究领域，而是计算机科学的一个分
支，旨在编写出可以让机器像人类一样处理语言的软件。[13]
那么，是不是肯定能够编写出一款可以让机器人酒保识别
运行的软件呢？这样，当三个牧师一起走进酒吧时，这种
情形对机器人酒保来说，就预示着一种特殊的笑话。但我
看恐怕很难达到这个效果。

一截绳子走进一家酒吧，要了一杯马提尼。"对不
起，我们不为绳子提供服务，"酒保说。

"但是，你可以为我服务，"绳子回答道。

"怎么，难道你不是一根绳子吗?"酒保问道。

"我不是。我是一个磨损断掉的结。"

A piece of string walks into a bar and asks for a martini. 'I am sorry, but we don't serve pieces of string,' says the bartender.

'But, you can serve me,' replies the string.

'Why, aren't you a piece of string?' asks the barman.

'No. I'm a frayed knot.'

　　机器人的问题在于，绳子只是绳子，而无法理解为什么有时看到的是绳子可能是磨损的绳结。三名计算机语言学家，斯特拉帕拉瓦（Strapparava）、斯托克（Stock）和米哈尔恰（Mihalcea）走进一家酒吧，梦想着构建出一种训练计算机识别笑话的方法。[14]他们向一台运行机器学习软件的计算机输入了数千行这样的语句：

接受我的建议，反正我用不上。

碰运气就是我的所有运动。

在手持啤酒的人眼中，美丽无处不在。

Take my advice; I don't use it anyway.

I get enough exercise just pushing my luck.

Beauty is in the eye of the beer holder.

此外，他们还在软件中输入了字数相近但没有幽默内容的陈述。并通过指令告知软件，哪些语句有趣，哪些不是，然后对该软件进行了测试，看它能否将新的单行语句与它以前从未见过的非幽默文本区分开来。计算机很善于区分滑稽和低俗，但也并不总是如此。当混合输入单句俏皮话和新闻报道片段时，该软件在76%的情况下都能辨别笑话。然而，当混合输入单句俏皮话和谚语时，软件只有在53%的情况下能识别出笑话。这样的表现并不令人满意，因为即使是一只笨鼻涕虫，也会有50%的可能性从两个选项中选出正确答案。

事实证明，机器学习软件根本没有学会如何从文本的反差中发现笑话，而是仅仅专注于单行文本自身所具有的语言结构。

比如在押头韵的修辞句中：

婴儿无法享受婴儿期，成年人却非常享受成年期。
Infants don't enjoy infancy like adults do adultery.

在含有反义词的句子中：

始终努力保持谦虚，并为此感到骄傲！
Always try to be modest and be proud of it!

还有诸如"性"或"背后"之类的关键词。当上述三种类型的线索都出现在同一段文本时，软件在识别这些笑话时会表现得非常灵敏，例如：

每个伟大的男人背后都有一个伟大的女人，每个伟大的女人背后都有一个盯着她后背的男人！

Behind every great man is a great woman, and behind every great woman is some guy staring at her behind!

这样的例子数不胜数。谚语中也经常包含头韵、反义词和俚语，所以可怜的软件就很难从单句俏皮话中分辨出某句话是否为谚语。而谚语往往很容易转化成笑话：

亲近产生出蔑视——和孩子。（马克·吐温）

Familiarity breeds contempt — and children. (Mark Twain)

夜晚的红色天空：牧羊人的喜悦。夜晚的蓝天：白天。（汤姆·帕里）[15]

Red sky at night: shepherd's delight. Blue sky at night: day. (Tom Parry)

一天一苹果，医生远离我。每天一洋葱，他人远离我。

An apple a day keeps the doctor away. An onion a day should take care of everyone else.

此外，研究人员用于软件分析材料的新闻报道，至少从来自路透社的新闻报道来看，并没有特别多地使用头韵、反义词和俚语，因此该软件在识别早间新闻中的笑话时，准确率要高得多。这似乎是三位研究人员和他们之前的许多其他研究人员一样，决定永远离开幽默领域的研究的原因。

就像你可以想到的那样，如果迄今为止证明了无法让计算机识别幽默中的反差，那么我们也不应该指望它们能成为伟大的笑话大师。下面这个笑话是一个关于机器人的笑话吗？

> 一个机器人走进一家酒吧。"我能给你点什么？"酒保问道。
>
> "我需要放松一下，"机器人回答道。于是，酒保递给机器人一把螺丝刀。
>
> A robot walks into a bar. 'What can I get you?' the bartender asks.
>
> 'I need something to loosen up,' the robot replies. So, the bartender serves him a screwdriver.

唉！实际上机器人生成的笑话往往比这个更无趣。在1999年，如果你让苹果的OS9语音系统讲个笑话，那它可能会搞砸这种事情[16]：

你：电脑，给我讲个笑话。

电脑：咚，咚。

你：是谁？

电脑：蓟。

你：蓟是谁？

电脑：这将是我最后一个叮咚笑话了。[a]

You: Computer, tell me a joke.

Computer: Knock, knock.

You: Who's there?

Computer: Thistle.

You: Thistle who?

Computer: Thistle be my last knock knock joke.

我敢保证，二十年后，计算机生成的笑话仍然是从同音词列表中制造的双关语，例如：

儿子是什么温度？是达到沸点的温度。[b]

What kind of temperature is a son? A boy-ling point.

(a) 这个笑话是一个经典的"敲门笑话"（knock-knock joke）。"蓟"（Thistle）的发音与"这是"（this's）相似，所以电脑在回答时玩了一下音韵上的双关语。——译者注

(b) 这个笑话是一个双关语（puns），利用了两个词的相似发音来制造幽默。"Boy-ling point"在发音上类似于"boiling point"（沸点）。——译者注

哪种树会感到恶心？悬铃木。[(a)17]

What kind of tree is nauseated? A syc-amore.

想知道这些笑话与人类所能做到的最佳水平相差多远，请将它们与随机选择的双关语定义进行比较，这些定义来自恶搞的《乌克斯布里奇英语词典全集》（*Complete Uxbridge English Dictionary*）中随机挑选的双关语释义进行比较：

神游：一个未完工的犹太人礼拜场所。

十字架：宗教黏合剂。

小精灵：西班牙海鲜。

美食：米其林星级研究。

斑马：大尺寸的紧身衣。[18]

Agog: A half-built Jewish place of worship.

Crucifix: Religious adhesive.

Elfish: Spanish seafood.

Gastronomy: The study of Michelin stars.

Zebra: The largest size of support garment.

语言学是一门探索语言内部深层结构的科学。研究语言学是非常艰难的过程，因为其中充满了各种相反的数据。

(a) "syc-amore" 同 "sycamore"（悬铃木），与 "sick and more"（经常生病）发音相近。——译者注

在纽约哥伦比亚大学的一次演讲中，牛津大学的一位著名语言学教授曾向听众解释说，虽然在许多语言中，双重否定被用来表达肯定的意思（例如，"她不是不像她的哥哥"的意思是"她像她哥哥"），但没有任何语言的双重肯定意味着否定。这时，大厅后面传来了讥讽的回答："是啊，是啊。"

这个致命的反驳来自西德尼·摩根贝瑟。他在纽约下东区的街头练就了敏捷的智慧，在转行从事世俗争论之前，他曾受训成为一名拉比。

有许多关于摩根贝瑟的机智故事。[19]他在生命的最后时刻，忍受着长期的病痛折磨，他向一位哥伦比亚的哲学家同行询问道：

为什么上帝要让我受这么多苦？就因为我不相信他吗？[20]

'Why is God making me suffer so much? Just because I don't believe in him?

如果有玩笑可开，理性主义者一般都乐于这么做。毕竟，他们早就知道自己上不了天堂：

感谢上帝，我是个无神论者。——路易斯·布努埃尔（Luis Buñuel）

Thank God I am an atheist. (Luis Buñuel)

第二次世界大战前，诺贝尔物理学奖得主尼尔斯·玻尔（Niels Bohr）在他位于丹麦的实验室里接待了一位来访的科学家。来访者看到门上钉着一个幸运马蹄铁，表示非常惊讶。

"你不会迷信吧?"

"哦，我当然不迷信，"玻尔说，"但别人告诉我，即便你不信，这样做也管用。"

'You are not superstitious, are you?'

'Oh, no,' said Bohr, 'but they tell me it works, even if you do not believe in it.'

阿瑟·C.克拉克（Arthur C. Clarke）的同类笑话版本是：

"我不相信占星术。因为我是射手座，我们对此持怀疑态度。"

I don't believe in astrology. I am a Sagittarian and we are sceptical.'

这些笑话体现了疯狂的理性。它们说明了为什么对于人工智能（AI）来说，讲好笑话比在国际象棋和围棋中击败所有人这样相对简单的事情要困难得多，而下国际象棋和围棋是计算机已经完成的两个里程碑。幽默是人工智能领域的认知科学家称为"人工智能完备性"（AI-complete）的问题，意思是说，你需要让机器像人类一样思考，然后才能指望它搞笑。[21] 要解决"人工智能完备性"问题，计算机必须通过所谓的"图灵测试"（Turing Test），即它必须在文本信息交换等非实体对话中与人类无异。然而，并非所有认知科学家都认可这一测试。人工智能的创始人之一马文·明斯基（Marvin Minsky）把图灵测试本身形容为一个笑话。也许，喜剧演员肯·多德所说的证明弗洛伊德错了的测试才是更好的人工智能完备性测试：

> 弗洛伊德的理论认为，讲出一个笑话就像打开一扇窗户，释放出所有的蝙蝠和幽灵，从而给人带来一种如释重负、欣喜若狂的奇妙感觉。然而，弗洛伊德的问题在于，他从来没有经历过，在周六晚上，当流浪者队和凯尔特人队双双输球后，还在老格拉斯哥帝国剧院向观众讲笑话这种事情。[a][22]

弗洛伊德的理论似乎更像是代表资产阶级的"城市维也纳"的产物，而不是代表工人阶级的"城市格拉斯哥"的产物。同样，格拉斯哥的现场观众也还无法体会到电脑创造出来的幽默。

(a) 格拉斯哥是足球热门城市，流浪者队和凯尔特人队是该地区两支最著名的足球队。如果足球队输了比赛，笑话也未必能给观众带来解脱和愉悦。——译者注

那么，幽默理论究竟是什么呢？发现某事有趣是认知对不协调状况的良性反应。这几乎只出现在人与人之间的交流中（包括读书），通常但并非总是通过对他人的优越感来实现的。你需要大脑来讲笑话或对笑话发笑，而机器是无法做到这一点的。

当然，并不是所有的大脑都是一样的，那么，不同的大脑如何影响我们对有趣事物的判定呢？头脑清晰的心理学家们喜欢把研究对象分成不同的人格类型。自 20 世纪 90 年代以来，人们已经达成共识，认为人与人之间的基本性格差异可以用五大因素来定义。这五大因素分别是：外向性、情绪稳定性、宜人性、自觉性和经验开放性。[23] 关于这五个方面的人格细节，以及它们是如何从语焉不详的研究资料库中提炼出来的，也许最好留给那些胃口好的人去了解，就像有人想了解香肠的成分一样。但是，幽默是外向性的一个诊断特征，所以人格与一个人觉得什么有趣之间可能存在一些关联。这种联系得到了 fMRI 的研究支持，尽管这项研究只包含了少数被试者。[24] 正如德国诗人歌德所说，在一个女性在学术讨论中被忽视的时代，"最能清晰地展现个人性格的就是他们认为可笑的东西"。

看着心理学家试图用各种心理测验来证明这一命题，就像看着小男孩试图用池塘里的网捕捉风一样。欢笑反应测试、IPAT 幽默人格测试、3WD 幽默测试、幽默欣赏量表，以及其他许多测试都在疯狂地探讨笑话和个性之间的关系，但似乎总是无法完全捕捉到它们彼此间紧密有趣的联系。[25]人们喜欢的幽默类型与他们的个性类型相关的证据很少。人们的性格各不相同，而笑话从温和的到下流的、从善意的到恶意的，不一而足。但对于谁觉得什么好笑，似乎很少有人能说得清楚。即使基督徒和无神论者，在大多数情况下也会对同样的事情发笑，只不过原教旨主义者可能倾向于对笑话装出一副严肃的样子。[26]值得一提的是，人们普遍重视的是对不协调状态的解决。

尽管现在有大量证据支持反差说，但仍有少数人认为他们可以做得更好。2017年，两位澳大利亚科学家试图利用量子理论的数学知识推导出一种新的幽默理论。[27]如果量子理论可以解决光的波粒二象性，为什么不能解决幽默的意义/无意义的二元性呢？但是，即使有一个方程式可以定义所有幽默的本质，它也无法告诉我们，为什么我们会笑，或者为什么幽默所唤起的情绪是快乐而不是痛苦。定义刺激是一回事，解释它为什么会激起人们的反应则完全是另一回事，要做到这一点，我们需要研究进化论。最初就是挠痒痒这个动作。

挠痒痒和玩耍

查尔斯·达尔文在家庭生活中是一个富有同情心的男人吗？他曾拿自己襁褓中的孩子做实验。这一事实令你感到震惊吗？其实并不，因为他只是给孩子们挠痒痒罢了，他发现，笑的能力在孩子很小的时候就出现了。他将自己的观察结果写进了一本名为《人和动物的情感表达》（*The Expression of the Emotions in Man and Animals*）的重要著作中，他在书中证明了我们表达情感（包括笑声）的方式，往往与动物相似。[1]动物（尤其是我们的近亲黑猩猩和大猩猩）会笑吗？马克·吐温用一句话表达了19世纪很常见的观点：人是唯一会笑或需要笑的动物。

达尔文可不这么认为，其观点的主要依据来源于对动物园和驯养动物的观察。如今，我们有了关于在野外生存的类人猿的记录。这些记录显示，当猩猩、黑猩猩、倭黑猩猩和大猩猩被挠痒痒时，它们都会大笑，或者发出一种心理学家称为"游戏发声"的声音。[2]出生四周半的黑猩猩就会玩挠痒痒的游戏，并会做出邀请玩伴挠痒痒的特有动作。[3]在嬉笑打闹中，黑猩猩会露出一副玩耍的表情，尽管它们的笑声听起来与我们的笑声非常不同。黑猩猩的笑声是吸气时发出的"啊——啊——啊",而我们的笑声是呼气时发出的"哈——哈——哈"的声音。

尽管人类笑声产生的方式很独特,但一项引人入胜的研究表明,人类的自发笑声与动物的发声十分相似。研究人员向听众播放了人类自发笑声的减速录音,并要求听众说出他们认为这是什么声音。大多数参与者觉得自己听到的声音类似笑声,但他们认为自己听到的是动物的声音,而不是人类的声音。[4]当给听众播放有意为之的(自愿的)慢放笑声录音时,听众正确辨别出了笑声的来源是人类。自发的笑声来自我们内心深处的动物本性;有意发出的笑声更像是语言,因此更容易被识别为是人类的。这种区别也适用于我们通过笑声来识别他人的能力。实验发现,人们可以很容易地从他们有意识的、言语般的笑声中辨认出谁在笑,但是从自发的笑声中却不能那么容易地辨认出来。[5]

为什么动物在玩耍时会发出声音?很可能是因为玩耍是一种社交互动,发声是向玩伴发出信号,表明你挠痒痒或追逐的意图并不具有威胁性。笑声在游戏中的这种功能可能就是笑声具有感染力的原因,因为信号的接收者同意并回答"我也在参与游戏"。重复刚刚听到的笑声可以让你加入其中,分享乐趣。动物信号的进化起源通常可以在具有不同但相关功能的早期行为中找到。[6]就游戏发声而言,早期的功能可能是当威胁(例如捕食者)消失时向家庭成员发出的警报信号。[7]

在大约650万年前，黑猩猩和人类有着共同的祖先，这个祖先很可能也会发出嬉戏玩耍的声音，但它可能更像黑猩猩的笑声，而不像我们人类的声音，因为我们的笑声受到了更为近期的语言演化的影响。当人类进化出语言时，进化给会说话的灵长类动物的发声游戏附加了一个新的触发点：语言幽默。用查尔斯·达尔文的话说，"想象力有时被一个荒唐的想法逗乐了。这种所谓的心灵的挠痒与身体的挠痒有着相似之处"。[8]进化是如何让我们在面对不协调带来的反差时，感觉就像被挠痒痒一样？

进化是小步前进的，总是从已有的事物开始。

戈尔韦的一位外国游客向一位当地人询问去都柏林的路线。爱尔兰人回答说："如果我是你，我不会从这里出发。"

A foreign tourist in Galway asks one of the locals for directions to Dublin. The Irishman replies, 'Well, if I were you, I wouldn't start from here.'

进化总是从"这里"开始的，而且从不问方向。因此，幽默笑声的许多特征，例如它所唤起的愉悦感、它的社会性和感染力，都存在于它令人发痒和感到好玩的起源之中。

亚里士多德注意到，人不能自己给自己挠痒痒，他推测，要对挠痒痒做出反应，也许需要出其不意。[9]自己挠痒痒没啥用，这确实挺奇怪的，因为用自己的手可以引起其

81

他愉悦的感觉，至少我是这么听说的。和别人玩可以挠痒痒，和自己玩却不行。进化是想告诉我们些什么吗？

两千年后，三位心理学家和一个机器人通过一项实验验证了亚里士多德的假设。在这项实验中，受试者用机械臂给自己挠痒痒。[10]受试者用左手控制挠痒痒机器人，右手接受机器人发出的触觉刺激。通过在左手的触发和右手的刺激之间引入一个可变的时间延迟，实验人员能够测试出，挠自己痒痒是否只是时间问题，而与惊喜无关。结果表明，不到1/5秒的延迟就足以让人感到自控机器人刺激产生的痒痒，尽管大多数受试者根本没有意识到实际上存在任何延迟。终于，机器人也可以逗人发笑了！

喜剧演员都很清楚，表演完全是时机问题，但在这个机器人实验中却是另一回事。为了控制肌肉的动作，我们的大脑不仅会启动运动，还要在一种虚拟的身体模型中跟踪其指令。因此，你才不会被自己的动作吓倒，也不会给自己挠痒痒。该模型会不断更新以跟踪运动情况，因此即使是很短的延迟也足以让左手运动引起的抑制消失，从而让右手感觉到痒痒。

阻止你挠痒痒的虚拟身体模型提供了一种区分自我和他人的方法，因此也是自我心理建构的一部分。听到声音或感觉自己的行为不受自己控制的精神病患者，在用自己的手施加刺激时会感到痒痒，就像被别人挠痒痒一样。[11]这是完全区分自我和非我的能力受到更普遍的心理损害的良性结果。

当我没有恋爱时，我会把一条腿的腿毛剃光，这样感觉自己是和一个女人在一起。[12]

When I'm not in a relationship, I shave one leg so it feels like I'm sleeping with a woman.

无论如何，挠痒痒和由此产生的笑声都是一种游戏。虽然我们大多数人都不会挠自己痒痒，但我们对允许谁来挠痒痒却非常挑剔。未经同意的挠痒痒感觉就像是一种骚扰。罗伯特·普罗维恩（Robert Provine）在对400多名不同年龄段的人进行调查后发现，挠痒痒实际上仅出现在朋友、家人和恋人之间的互动中。[13]从青春期开始，挠痒痒主要发生在两性之间，而在成年人中，挠痒痒则是前戏的一部分。在这里，我们也可以看到挠痒痒的一个特点，它是幽默在求爱中所扮演的角色的先驱。

在生命早期，游戏是青少年学习如何在群体中安全互动的必要条件。从进化的角度来看，挠痒痒是通过游戏进行社交化的过程，其进化基础是有意义的，因为这是我们的神经线路阻止我们为自己做的事情。笑声是一种被普遍理解的回应，它传递着"我喜欢它！"的信号。

玩耍是幼年哺乳动物的本能，这样的本能不仅仅属于灵长类动物，而且是从远古进化而来。给老鼠挠痒痒，它就会发出音调为50千赫的超声波笑声，远远高于我们能听到的音调。[14]老鼠的笑声和人类的笑声一样，具有感染力，幼鼠会选择和笑得多的成年老鼠在一起，而不是和笑得少的成年老鼠共度时光。[15]

什么频率的笑会让人感到痛苦？咯咯赫兹。[a]

At what frequency does laughter become painful? Gigglehurtz.

在最近一项可能成为未来"搞笑诺贝尔奖"的研究中，德国的一组心理学家与老鼠进行了一场躲猫猫的游戏，实验场地是一个配有人类和啮齿动物藏身之处的大房间。[16]老鼠花了大约两周的时间来学习游戏规则，当它们躲起来被发现时，或者当它们搜索并找到实验者时，老鼠就会得到一个被挠痒痒的奖励。令人惊奇的发现是，老鼠在整个游戏过程中都以超声波的形式发出声音，只有在藏身时才不发声。在老鼠大脑中进行的神经记录显示，它们在玩游戏时使用的是前额叶皮层的不同区域，至于使用哪块区域，具体取决于它们是在躲藏还是寻找。这表明老鼠在玩游戏时，会在心理上区分不同角色。

下次和狗狗嬉戏时，想想生活在 9600 万年前的狗、人类和老鼠的共同哺乳动物祖先，我们都从这位祖先那继承了玩耍的能力。关于犬类的笑声，马克斯·伊斯特曼（Max Eastman）[17]认为：

(a) "Gigglehurtz"是一个生造的词语，将"Giggle"（咯咯笑）和"Hertz"（赫兹）结合起来，暗示当笑声变得非常频繁时，就会让人感到痛苦。——译者注狗会笑，但它们是用尾巴笑的。人类之所以处于更高的进化状态，就在于人类的笑声从另一端发出。

一项更具科学精神的研究发现，狗在玩耍时确实会展现出特定的面部表情，但是与人类表现同一情感时所使用的面部肌肉不同。[18]这并不是一个微不足道的结论，因为这意味着在大多数动物群体中，玩耍和向玩伴传递情感状态的信号已经进化出来了，但在不同的物种中，是通过不同的方式实现的。换句话说，通常重要的是传递非敌意信息，而不是具体的传递方式。我们在人类语言的文化演变中也看到了同样的原则。人们用各种不同的词汇来交流想要沟通的内容。

一位爱尔兰语言教授在与西班牙同事聊天时，西班牙同事问他爱尔兰语中是否有与"mañana"[a]相对应的词。这位爱尔兰人想了一会儿，回答说："有，但表达的紧迫感不一样。"

植物学家们也不甘示弱，他们给植物挠痒痒，想看看会发生什么。他们发现，轻轻抚摸幼嫩的莎草叶片会使植物发生化学变化，推迟性成熟和开花。[19]至于反复搔痒能否让植物永远保持青春的状态，我们不得而知。关于我们对植物知之甚少，我可以写出一整本书。事实上，我知道的太少了，这确实会是一本很长的书。哦，我离题了。

我们需要谈谈快乐。玩耍是一种乐趣，如果达尔文是

(a) Mañana，意为明天，（在）不确定的将来。

对的，幽默是一种心灵的愉悦，那么，当幽默和笑声通过进化联系在一起时，幽默的快乐也成了其中的一部分。快感与令人发痒的笑声之间的联系会不会不仅是幽默快感的来源，还是将它们结合在一起并使幽默变得有趣的优势所在呢？

快乐对进化到底有什么好处？道德家想让我们相信，享乐会让我们误入歧途。淫欲、暴食和懒惰是由性快感、食欲和将能量保留给性和进食所导致的恶习。

摩西带着上帝赐给他的两块石板从西奈山下来。"我的子民们，"他说，"我既带来了好消息，也带来了坏消息。好消息是，我只写了十条戒律。坏消息是通奸罪仍然列入其中。"

生物学家有一个截然不同的观点：从根本上说，快乐对人体有益。事实上，关于幽默的进化，有人提出的最简单的观点是，幽默之所以会进化是因为它让我们能更好地享受生活。[20]但这一假设存在一个问题，因为快乐本身并没有提供进化上的优势。拥有一种假设中的愉悦基因并不会增加你的后代数量，这与性不同。很明显，自然选择会偏向于传播让性变得有趣的基因。但是，为什么自然选择会偏爱一种普遍的享乐能力呢？尽管"享乐"假说乍听之下很有道理，但它实际上没有解释任何问题。

一个更合理的进化假说是，快乐之所以存在，是因为它引导我们的行为朝着使我们能够生存和繁衍的方向发展。性快感是最明显的例子，但我们对营养食物的选择也同样受到进化规则的影响。

现在，我的生活中，"食"已经取代了"性"，我胖得连裤子都穿不上了！

舌头上有一些特殊的传感器，可以检测到糖的存在。糖是淀粉的分解产物，传感器向大脑发送信号，让我们感受到令人愉悦的甜味，而像淀粉等碳水化合物可以为我们提供所需的能量。另一种传感器能检测到谷氨酸，这是蛋白质的另一种组成成分，我们会感受到令人愉悦的咸味，这种咸味被称为"鲜味"，而蛋白质对健康至关重要。

还有其他味觉感受器可以检测到饮食错误，例如苦味食物可能是有毒的。对于盐，有两种反应，低浓度时味道鲜美，高浓度时则令人厌恶。这种食物刺激和味觉反应之间的联系是固有的。通过基因技术，实验性地改变大鼠的味蕾，使其把盐当成糖来吃，就证明了这一点。[21]这真是个低级趣味的笑话。

对于大脑来说，识别不协调是一个比在舌头上感觉到糖的存在要复杂得多的技巧，因此线路也要复杂得多，但最终线路都在同一个地方，即刺激杏仁核中的快感。塞缪尔·约翰逊（Samuel Johnson）博士曾经说过："越是追寻快乐，越不容易快乐。"但他毕竟是一名文学博士，可能找寻的方向不对。然而，快乐是一种复杂的情绪，受到许多内在外在因素的影响。如果你没有幽默感，那就没有什么能让你发笑。另一方面，如果你身处一个欢声笑语的人群中，你会发现自己甚至在没有听到笑话的情况下就笑了起来。

猿类会玩耍，喜欢挠痒痒，但它们能识别不协调带来的反差，并接受玩笑吗？亚伯·戈德堡（Abe Goldberg）

在布朗克斯动物园进行了实地考察，想要一探究竟：

　　一天，亚伯去了动物园。他站在大猩猩的围栏前，发现大猩猩正紧紧地盯着他。于是他向大猩猩挥手，大猩猩也向他挥手。他拍了拍自己的肚子，大猩猩也学着他的样子。他跳上跳下，大猩猩也开始跳来跳去。亚伯做鬼脸、扯头发、单脚跳、转圈、拍胸。他所有的滑稽动作都被笼子里的大猩猩模仿得惟妙惟肖。

　　突然，狂风大作，亚伯的眼睛里进了一些沙子。亚伯揉了揉眼睛，想让自己好受些。他一边揉眼睛一边走近笼子。当他拉下眼皮想把沙粒弄掉时，大猩猩像发疯了似的，撞击着铁栏杆，伸出手去抓住几乎看不到的亚伯，把他打得失去了意识。动物园管理员听到动静赶了过来，亚伯把事情经过告诉了管理员。动物园管理员听后点了点头，解释说，在猩猩的语言中，拉下眼皮的意思是"去你的"。

　　这个解释并没有让这位大猩猩的受害者好受些，但他还是接受了这个说法。离开时，亚伯越想越生气，他谋划着要复仇。第二天，他买了两把大刀、两顶派对帽、两个派对喇叭和一根大香肠。他把香肠放进裤子里，匆匆赶到动物园，来到大猩猩的笼子前，把一顶帽子、一把刀和一个派对喇叭扔进猩猩笼子里。

　　他知道大猩猩喜欢模仿人，就戴上了一顶派对帽。大猩猩看了看他，又看了看帽子，也戴上了帽子。接着，亚伯拿起喇叭吹了起来。大猩猩也拿起喇叭，吹了起来。亚伯一边吹喇叭，一边转了个圈。大猩猩也做了同样的动作。然后，亚伯拿起刀在头上挥舞。大猩猩再次模仿。接着，他从裤子里掏出香肠，整齐地一刀两断。大猩猩看了看毛茸茸的大手里的刀，又看了看自己的裤裆，然后对着亚伯拉下了自己的眼皮。

Abe went to the zoo one day. While he was standing in front of the gorilla's enclosure, he noticed the gorilla watching him intently. The man waved at the gorilla, the gorilla waved back. He patted his stomach and the gorilla copied him. He jumped up and down, the gorilla started jumping. He made faces, pulled his hair, hopped on one foot, spun in a circle, and beat on his chest. His antics were copied exactly by the gorilla in the cage.

All of a sudden, the wind gusted and he got some grit in his eye. Abe rubbed his eye, trying to make it better. While doing so, he stepped closer to the cage. As he pulled his eyelid down to dislodge the particle, the gorilla went crazy, banged against the bars, reached out, grabbed the nearly blinded man, and beat him senseless. When the zookeeper heard the commotion and came over, Abe told the keeper what had happened. The zookeeper nodded and explained that in gorilla language pulling down your eyelid means 'fuck you'.

The explanation didn't make the gorilla's victim feel any better, but he accepted it. As he left, he became madder and madder. He plotted his revenge. The next day he purchased two large knives, two party hats, two party horns, and a large sausage. Putting the sausage in his pants, he hurried to the zoo and over to the gorilla's cage, into which he tossed a hat, a knife, and a party horn.

Knowing that the big ape liked to mimic people, he put on a party hat. The gorilla looked at him, and looked at the hat, and put it on. Next he picked up his horn and blew on it. The gorilla picked up his horn and did the same. He twirled in a circle blowing the horn. The gorilla did the same. Then Goldberg picked up his knife and waved it over his head. Again, the gorilla copied it. Next, he whipped the sausage out of his pants, and sliced it neatly in two. The gorilla looked at the knife in his big hairy hand, looked at his own crotch, and pulled down his eyelid.

这个笑话令人吃惊的是，通常情况下，猩猩不会有机会殴打游客，但这只大猩猩的大部分行为实际上都是在圈养环境中观察到的。模仿是游戏的基本要素，也是学习的重要方式，尽管在这个故事中，亚伯能教给大猩猩的东西并不多。

虽然大猩猩和黑猩猩不能像人类一样发声，但一些生活在圈养环境中的大猩猩和黑猩猩已经学会了经过改良的美国手语（ASL），使它们能够与照料者交谈。其中最著名的是一只名叫"珂珂"（KoKo）的雌性大猩猩，她在一岁时就开始接受训练。在她五岁半时，接受了为儿童设计的智力测试，并取得了相当于近五岁儿童的成绩。珂珂于2018年去世，但在她46年的生命中，她掌握了上千个手语的活跃词汇，显然可以理解超过两千多个英语口语单词。[22]

珂珂的幽默感非常接近于一个五岁的孩子。她喜欢被挠痒痒，在社交媒体上，你可以看到她与已故喜剧演员罗宾·威廉姆斯（Robin Williams）一起玩耍，后者自己也笑得前仰后合。[23]珂珂会玩一些装扮游戏，例如，她会拿起一根橡胶管，示意自己是一头大象，并想通过大象鼻子喝自己最喜欢的果汁。她还会拿一些不能吃的东西逗人，看别人会不会吃。和蹒跚学步的小孩一样，珂珂也会故意叫错东西的名字，比如在这段对话中，她的照顾者芭芭拉（B）给她看了杂志上的一张鸟的图片：

K[(a)]：那个（是）我。

B：真的是你吗？

K：珂珂（是）好鸟。

B：我以为你是只大猩猩。

（a）K代指珂珂，B代指芭芭拉。——译者注

K：珂珂（是）鸟。

B：你确定？

K：珂珂（是）好的那只（鸟）。

（指着那只鸟）

B：好吧，我一定是大猩猩。

K：LIP鸟（,）你（是）。

（"LIP"是珂珂在提及或命名人类女性时一直使用的标志。）

B：我们都是鸟？

K：好。

B：你会飞吗？

K：好。

（"好"可以表示"是"。）

B：（飞）给我看看。

K：假鸟小丑。

（珂珂笑了。）

B：你在逗我。（珂珂笑。）你到底是什么？

（珂珂再次大笑，过了一分钟。）

K：大猩猩珂珂。²⁴

珂珂的笑声似乎说明了她知道自己假扮成鸟的愚蠢或不协调。她曾经被明确地问到觉得什么东西有趣，她指着自己头上的橡皮钥匙，假装那是一顶帽子，用手势比画出单词HAT（帽子）。另一位看护者把花生壳戴在自己头上，说这是一顶愚蠢的帽子，得到了珂珂俏皮的回应，她拉下下眼睑，吐了吐舌头。

年幼的孩子喜欢玩简单的文字游戏，珂珂也是如此，比如她会在膝盖上比画"NEED"（需要）这个单词，显然她意识到这两个不同的单词发音相似，有双关语在里面。她还会恶作剧，有一次她把照顾她的人的鞋带系在一起，并在他们互相玩耍的时候比出了"CHASE"（追逐）的手势。但是，珂珂到底能听懂多少呢？怀疑论者指出，有时珂珂的照顾者会问一些引导性的问题，他们对珂珂回答的解释并不客观。她很容易随意地打出"NIPPLE"（奶嘴）的手势，而护理人员会告诉她不要犯傻，再试一次。[25]这是珂珂在做孩子气的恶作剧，还是身为大猩猩，根本就不理解？

当大猩猩基金会在人类口译员的帮助下让珂珂与公众进行在线聊天时，这就为讽刺作家提供了一个公开的目标，《美国科学人》杂志也发表了"丢失的珂珂文字记录"：

问：什么会困扰你？

珂珂：成为毕业生。我不是动物。好吧，你知道我的意思。

问：手语难学吗？

珂珂：我不太分得清"启发式"与"诠释学"这两个词。

问：你会读书吗？

珂珂：我觉得伍迪·艾伦早期的作品很刺激。海明威用小词说大事。我接触过乔姆斯基，但发现他学究气，我不同意他论文的基本观点。古道尔提出了一些有趣的问题。

问：像你这样的大猩猩会睡在哪里？

93

珂珂：……当然是我想待着的任何地方。[26]

通常情况下，科学需要更多的实例来证明某种现象的真实性，但珂珂的行为被记录得如此之多，而且在她的一生中有如此多的人目睹了她的行为，因此很难否认她所表现出的证据，即大猩猩懂得幽默，甚至能够做恶作剧。此外，黑猩猩也表现出许多与珂珂相同的行为，它们似乎特别喜欢开一些玩笑，比如向它们的看护人身上撒尿，向动物园的观众扔粪便，而观众通常也会觉得这样的玩笑很好笑。毕竟，我们也是类人猿。

猿类在野外也会表现出同样的幽默感吗？可能大猩猩也会围坐在一起交换笑话和低俗段子，让蹒跚学步的大猩猩宝宝高兴得尖叫？也许不会，但据观察，珂珂和一只也学会了手语的雄性大猩猩在没有人类协助沟通的情况下也能相互交谈，因此，如果大猩猩在野外不会受到生存威胁的话，或许它们之间也会有话可说。也许它们会聊一聊"千钧一发"的经历？最近对野生黑猩猩的观察发现，它们确实有自己的手势语言，它们会使用一些明显意味着"停止""离开""给我""跟我走""让我们梳理"和不可避免的"交配"的手势。[27]但遗憾的是，生活在接近人类的野外黑猩猩群体的社交生活被破坏，行为能力贫乏。[28]我们是否因此低估了黑猩猩的幽默？

无论类人猿是否在野外使用它们的幽默感，它们确实在玩耍，而且从进化的角度来看，知道我们的类人猿同胞至少有能力识别不协调并开怀大笑，这仍然很重要。因为知道我们的灵长类近亲有幽默的心理能力，会让我们意识到，自己身上的这种特质一定由来已久。当相关物种具有共同特征时，最简单的解释就是它们都从共同的祖先那里继承了这些特征。大约650万年前，人类和黑猩猩拥有共同的祖先，而在此前的250万年前，人类的这个祖先在进化过程中与大猩猩的祖先分道扬镳。[29]如果黑猩猩和大猩猩在某些方面的行为和思维方式与我们相似，那么我们几乎可以肯定，我们自身的心理能力是在900多万年前进化而来的。

进化心理学家罗宾·邓巴（Robin Dunbar）认为，在我们从共同祖先中分离出来后，笑声在人类进化过程中发挥了重要作用。邓巴提出，促使我们的祖先进化出笑声的优势在于，笑声能产生一种将社会群体黏合在一起的作用。[30]许多动物都是群居动物，群体为个体提供保护，使其免受捕食者的伤害，提供交配机会，对于群居动物来说，还能获得食物。灵长类动物的社会联系尤为紧密，它们通过个体之间长期的联系维系在一起，这些个体会不断地互相帮助梳理毛发。邓巴认为，梳理毛发的举动过于耗时，无法让50人以上的群体黏合在一起，因此，当人类社会发展到超过这个规模时，就需要一种替代方式来加以维系。邓巴认为，笑声是一种声音疏导，是一种黏合剂，可能在语言进化出来之前就已经存在了。

毫无疑问，个体之间共同分享的笑声，具有凝聚力的作用，邓巴的这一看法是正确的，我们稍后看看这方面的证据。社交性的欢笑会触发大脑释放内啡肽，这是人体自身的吗啡。³¹内啡肽会带来一种普遍的幸福感，增加感情依恋，并使人更容易接受下一个笑点。曾被《纽约时报》誉为世界上最幽默的人的维克多·博尔赫（Victor Borge）简明扼要地指出："笑是两个人之间最短的距离。"

然而，邓巴假说的局限性在于，如果笑声是通过自然选择来实现的，那么人类历史上第一个发出笑声的人就必然会从中获得某种好处。试想一下，你就是那个人：你会期望从群体中得到什么样的回应呢？你所处的群体可能会疑惑不解，但绝不会是一阵笑声。因此，第一个发出笑声的人，应该没有从邓巴所认为的推动笑的进化优势中获得什么好处。所以，通过笑声从社会凝聚力中获得好处这一说法不可能是笑声进化的起因。与邓巴所说的情况相反，我们似乎更愿意相信，笑声是作为一种游戏发声逐渐进化而来的，这使得人类群体进一步扩大。换句话说，笑声可能是使人类社会群体随着规模的扩大而继续凝聚在一起的黏合剂，但笑声主要是为了这个目的而进化的吗？似乎不太可能。

概括地说，笑声是一种游戏发声，具有人类的特征，但从根本上说是哺乳动物的特征。老鼠也会笑，不过笑声的频率远高于人类的听觉范围。所有会发出笑声的哺乳动物的共同特点是，它们（包括我们）都是社会性群居动物，通过游戏学会如何在群体中互相协调生活。笑声的凝聚作用使得我们的祖先能够在超大群体中和谐生活。还有另一种一对一的社交信号：微笑。那么微笑是否就是笑声的鼻祖呢？

第五章

微笑及其演进

"早上第一件事就是微笑。要养成习惯。"

——W.C.菲尔茨（W.C. Fields）

微笑，就像大笑一样，是一种公认的跨越语言和文化界限的情感信号。我们把这两者与幽默联系在一起，但微笑更让人感到亲切。大笑可以被身边的人听见，但微笑是对着某人面带笑意。微笑的目的是传递某种个人信息，那么是什么信息呢？

有三具尸体被抬到了停尸房，分别是一个法国人、一个德国人和一个乡巴佬。验尸官惊讶地发现，三位死者脸上都挂着微笑。为了了解每个人的死亡原因，她查阅了这三个人的死亡证明。

法国人的死亡证明上写着，"死因：小死亡"。真奇怪，验尸官心想。"小死亡？"她检查了尸体，发现是严重的死亡事件。"啊，"她恍然大悟，"小死亡就是法国人所说的性高潮。这就是为什么这个人死的时候还面带微笑。"接下来，她查看了德国人的死亡证明，上面写着，"死因：当他看到英格兰在足球世界杯赛被淘汰出局时，心脏病发作"。"幸灾乐祸。"她心想。最后她查看了乡巴佬的死亡证明，上面写着："死于闪电。"验尸官向她的助手询问原因。"为什么他在死亡的时候要微笑？""他以为有人在给他拍照。"

Three bodies, belonging to a Frenchman, a German, and a hillbilly are delivered to the morgue and the coroner notices to her surprise that all the corpses have smiles fixed on their faces. She consults the three death certificates to find out how each man died. The Frenchman's certificate says, 'Cause of death: La petite mort.' Odd, thinks the coroner. 'Little death?' She checks the body. It's majorly dead. 'Ah,' it then dawns on her, 'La petite mort is what the French call an orgasm. That's why this man was smiling when he died.' Next she looks at the German's death certificate. It says, 'Cause of death: heart attack when he saw England knocked out of the Football World Cup.' 'Schadenfreude,' she thinks to herself. Finally she checks the hillbilly's certificate. It says: 'Killed by lightning.' The coroner turns to her assistant for an explanation. 'Why was he smiling?' 'He thought he was having his photograph taken.'

每一次微笑都是一对叫作颧大肌的面部肌肉收缩的结果，但其他十几块面部肌肉的运作也使不同类型的微笑在表情上产生了微妙的差异。[1]由于心理学家习惯以"3"为单位进行思考，他们识别出三种微笑，就像笑话中所说的那样（当然这样的分类很奇怪）。法国人的微笑是回报型的，向爱人表达了他的喜悦。德国人对他人的不愉快感到高兴（幸灾乐祸），他的微笑是一种支配型的微笑。乡巴佬以为有人在给他拍照，于是立即露出亲切的服从型微笑。

当然，微笑的种类肯定不止这三种，例如人们可能会害羞地微笑，或者在尴尬或悲伤时微笑。但是，撇开这些不谈，我们怎么才能知道回报型微笑、支配型微笑和服从型微笑是截然不同的呢？人们怎么才能轻易地将它们区分开呢？如果片面地看待这个问题，当然不好判断。例如，你只是把大量与微笑有关的照片或视频展示给人们看，那么实验者自身对于不同笑容先入为主的观念很容易影响到测试结果。一些心理学家就用了一种相当巧妙的方法来解决这些问题。[2]

对生成逼真人脸动画的计算机软件进行编程，以显示数千张随机变化的笑脸，模仿产生表情变化的小肌肉的收缩。志愿者们观察这些随机的面孔，并根据这些人脸所展现的回报型、服从型或支配型微笑的强烈程度来评定每张人脸。这个过程选择了随机人脸的某个子集来代表这三种微笑类型。志愿者们根据可识别的程度，选择三种不同的面部表情。回报型微笑是对称的，并伴随着双眉上扬。被认定为服从型微笑的人脸则双唇紧闭。支配型微笑是不对称的，并且鼻子皱起，上唇上扬。

将这些图像打乱后展示给另一批志愿者，要求他们对所描述的人进行判断：图像上的人在多大程度上展现出积极态度，展现出与他人的社会连接，展现出优越感或主导态度。这一组志愿者独立于第一组，他们能够区分这三种类型的微笑，并对每张脸所表达的情感做出适当的解读。回报型微笑和服从型微笑都被解读为表达某人的积极情感，但回报型微笑所表现出的社会连接比服从型微笑少。而支配型微笑明显区别于其他两类微笑。

就像许多心理学实验一样，刚才描述的实验似乎只是证明了一个明显的事实——微笑是一种微妙的社交信号，可以传达一系列含义。但是我们应该抵住诱惑，在证据可能与我们的先见直觉相矛盾时，应该相信我们的先见直觉。毕竟，我们不是自己动机和行为的独立见证者。以回报型微笑为例，它真的是一个社会信号吗？还是说只是由于快乐而自然流露的一种微笑呢？思考一下这个问题吧。也许，你和我一样，并不会认为自己在开心微笑时是在向任何人发出信号。现在我们来看一些证据。

参加体育赛事的人在得分时应该会开心地微笑，对吧？事实上，通过拍摄球员在胜利时刻的面部表情，可以发现运动员很少微笑。[3]而赛后，当运动员转向人群或团队的时候才会微笑。举例来说，在保龄球馆进行的一项研究中，研究人员拍摄了球员在取得好成绩时的表情。当面对保龄球时，球员没有笑容，但当他们转身面对其他球员时，笑容就出现了。奥运奖牌获得者、观看足球比赛的球迷和其他人也是如此。在接受采访时，受访者都会说自己自始至终很开心，但他们只会在与其他人互动时微笑。微笑确实是一个传达自身感觉的信号，而不仅仅是对快乐的一种条件反射。

那么，微笑和幽默之间有什么关系？我们是否可以追溯这两者之间联系的演化史？我们将尝试回答下面一些问题。微笑首次出现是什么时候？这意味着什么？三种不同的微笑——回报型、服从型和支配型——是否一个接一个地在演变？如果是的话，又是以什么顺序演变的？微笑是何时以及如何与幽默联系起来的？为什么一个微笑可以有这么多不同的含义？

一位心理医生，在某个电视访谈节目中宣传自己的新书，声称可以通过观察一个男人脸上的笑容来判断其性生活频率。节目主持人要求从演播室的观众中选出一名志愿者，于是一位笑容最灿烂的人站了出来。这位心理医生研究了这个人的笑容，然后说：

"一天两次。"

"不对。"

"每天一次。"

"不是。"

"一个星期两次。"

"不对。"

"周末一次。"

"不对。"

"每月一次。"

"不对。"

"好吧，好吧。我放弃了。"

"是一年一次。"

心理医生忍不住爆发了："朋友，那你为什么笑得那么灿烂！"

"因为这次就在今晚。"

A psychiatrist who claims that he can tell the frequency with which a man has sex just by looking at the smile on his face goes on a TV chat show to promote his new book. The chat-show host asks for a volunteer from the studio audience and a guy with the widest of grins comes forward. The psychiatrist studies the man's smile and says:

'Twice a day.'

'Nope.'

'Daily.'

'No.'

'Twice a week.'

'Nope.'

'Weekends.'

'Nope.'

'Monthly.'

'Nope.'

'OK, OK. I give up.'

'Once a year.'

The shrink explodes: 'Then why the hell do you have such a big grin on your face, man?!'

'Tonight's the night.'

中国有句谚语说，食物可以享受三次：期待、参与和回忆。这位心理医生也许忘记了，性生活也是如此。

一个微笑可能有许多含义，原因之一在于它是一个古老的进化过程。它在我们的行为方式中存在的时间越长，进化的机会就越多，从而能为这个信号找到新的用途。如果这个假设是正确的，我们就会在黑猩猩和其他类人猿的行为方式中看到与人类似的笑脸。它们确实有一种在功能上等同于微笑的面部表情，但这种放松的张嘴表情并不是由形成微笑的颧大肌形成的。因此，正如人类和黑猩猩的笑声通过不同的方式实现相同的功能一样，人类和黑猩猩的微笑也是如此。这意味着，也许在大约650万年前，我们的血统从与黑猩猩的最后一个共同祖先中分化出来之后，我们所知道的人类微笑才逐渐演变出来。

想想在过去的650万年里，人类的进化发生了多少巨变：直立行走、毛发褪去、饮食改变、大脑尺寸的增加和智力的提高、语言和幽默的进化，这就使得人类有足够的时间让微笑也变得多样化，但同时也意味着，微笑传递出了许多不同的含义。微笑可以通过面部的各种肌肉来巧妙地调节。的确，一个好演员可以只凭一张脸，不说一句话，就能传达出矛盾多变的情绪。因此，微笑是一种内在多变的表达方式，很容易被赋予其他各种意义。

查尔斯·达尔文认为，情感表达是从某种具有特定功能的姿势开始逐渐演变的。比如，可以将攻击视作一种警告。在动物之间的社交中，龇牙是一种明显的威胁行为。如果说龇牙是一种明显的攻击性标志，那么用嘴唇遮住牙齿可以理解为相反的意思——而这可能就是服从型微笑的演变过程。一旦形成服从型微笑，微笑表情就可能会演进出其他含义。至于接下来会演变成什么，回报型微笑还是支配型微笑，我们无从而知，但考虑到服从型微笑和回报型微笑是相似的，而且演变是一个漫长的过程，我们会认为，回报型微笑是演进的第二个阶段。至于支配型微笑的出现，则只有在某个社会或家庭群体巩固了隶属关系后，其成员才有可能争夺支配权。因此，支配型微笑是演变的最后阶段，这一观点似乎也是合乎逻辑的（当然也有可能，这些微笑表情是同时出现的）。

微笑和大笑之间的演变关系是什么？一些作者提出，微笑在本质上等同于大笑，但降低了分贝，弱化了情感。[4]一个低级笑话可能让你微笑，但一个好的笑话会让你大笑。这可能说明，微笑这个较弱的信号是最先演化出来的，然后才是大笑。然而，比较证据表明，情况并非如此。正如我们所看到的，像笑声这样的游戏发音在群居哺

106

乳动物中非常普遍，因此在灵长类动物出现之前（更不用说类人猿的出现了），我们的祖先就肯定已经进化出了笑声。虽然狗和类人猿都会出现戏谑的面孔，但它们不具备人类的扁平的脸，因此不能很好地表达出微笑的多样性和细微差别。

实际上，我们并不知道先进化出来的究竟是微笑还是大笑，但在儿童的发育过程中，它们出现的顺序非常明确。婴儿在出生后的大约第四周开始微笑，但要到四个月时才会开怀大笑。微笑对于建立母亲和婴儿之间的联系至关重要。母系连接对于婴儿的生存显然至关重要，这可能是微笑的原始进化优势。但如果是这样的话，微笑是如何出现的呢？就像第一次大笑一样，在婴儿第一次露出回报型微笑时，母亲可能并不知道原因，除非母亲能够识别这个微笑与当下某个信号之间的联系。如果你曾经照看过新生儿，并与伴侣讨论过，那个看上去像是婴儿的第一个微笑，是否仅仅是由胃胀气引起的话，你就会理解我在这里所说的意思。

至于服从型微笑，一般在两岁左右出现，但支配型微笑直到青春期才会出现，而到了这个年龄段，文化对幽默的发展起了很大的作用。[5]你会注意到，在这次关于微笑的讨论中，少有提到幽默。这是因为，除了传播愉悦之外，微笑还具有许多社会功能，我们甚至不清楚是否有纯粹的愉悦型微笑这种东西。愉悦型微笑会不会只是我们感到幽默时所展露的回报型微笑？如果微笑是暧昧的、亲密的和微妙的，那么大笑则恰恰相反。大笑是向周围人明确地传播欢笑。那么为什么会有这种差别呢？有充分的证据表明，幽默笑声的演变由一个占主导功能的因素影响：那就是性。

笑声与性

很长一段时间以来，我们灵长类动物彼此都会在生活中互相嬉笑戏谑。这些笑声似乎都始于游戏打闹中的挠痒痒，目前这仍是我们日常生活中的一部分。我们在公司里听到笑声的频率是独自一人时听到笑声的频率的 30 倍。在谈话中，说话者比聆听者笑得更多，这说明笑声是言语交流的常规组成部分。如果你自己一个人偷着乐，说明在你脑海中想起了某个伙伴，或是看到了虚拟的画面。笑声会引发更多的笑声。所有这些游戏性的发声都可以在没有人说话的情况下发生，而并不需要听到类似这样的笑话："你听说过有三条腿的鸡吗？"其实当你听到这样的笑话并大笑时，你是在对某些不太一样的东西做出反应：不协调带来的反差。但是为什么解决不协调是很有趣的事情呢？

一旦我们认识到不协调实际上是什么，这个问题就会变得更容易回答。不协调是感官数据和期望值之间的不匹配。比如：

一个小女孩走进她所在社区的图书馆，拿出一本名为《给年轻母亲的建议》的书。吓坏了的图书管理员问："你为什么想要看这样一本书？""因为我在收集飞蛾宝宝。"小女孩回答。

A little girl goes into her local library to take out a book called *Advice for Young Mothers.* 'Why do you want a book like that?' asks the horrified librarian.

'Because I collect moths,' replies the little girl.

检测不协调性的心智能力是一种发现错误生成的机制。这一假设经过几个世纪的逐渐演变，通过亚里士多德、霍布斯和康德等人的幽默理论，最终取得了成果。三位认知科学家赫尔利、丹尼特和亚当斯决定不再去酒吧打发休闲时间，而是写一本书。于是，在《笑话之内：用幽默反向设计心智》（*Inside Jokes: Using Humour to Reverse-engineer the Mind*）一书中，他们用幽默来审视人类的大脑。不得不承认，fMRI 的观察效果更好，但正如我们所见，二者结合，观察效果最佳。赫尔利和朋友们的发现就是：不协调产生的错误是不好的，但是发现后对其进行调整纠错，就很好。我的归纳总结已经为你省去了 300 页的高强度阅读量。

毫无疑问，对于任何一个曾经被错误的计算机软件误导的人来说，拥有错误监测机制是一件好事。想想看，如果人类大脑中没有这样的纠错机制，按照智能手机上出现的联想文本来输入信息的话，肯定会搞得一团糟，比如这篇经典的词汇联想文本：

> 热郁金香（性感的嘴唇）
>
> Hot tulips（Homo hot lips）
>
> 我得了个拳头（我很沮丧）
>
> I am getting fisted（Frustrated）

当手机软件的词义联想并不合适时，我们大脑自带的纠错功能就会启动。对不协调产生的反差幽默加以反应，正是大脑识别认知错误的方式。大脑能够运行检测错误的机制，显然是件好事，至于大自然为什么会赋予我们这种能力，显然也不难理解。这是为了确保我们做出对自己有利的事情，赫尔利等人认为"欢笑是一种情感奖励，是检视某一特定任务中数据完整性后，做出的反应"。[1]换言之，进化论会对我们说："做好自己的事，你自然就会乐在其中！"或者我换一个假设，即当进化论把幽默作为笑声的触发器时，乐趣就成了大脑认知装置的一部分，并且已经存在于其中，就像装备中已安装的电池一样，随时可以参与运作。

但是，将幽默看成是大脑认知的一种调试机制，这一假设本身并不完全能令人信服。如果笑声只是调试机制运作时发出的信号，那么为什么我们只会对微不足道的错误发出笑声呢？[2]诚然，如果笑声是对成功调试机制的回馈，那么错误越严重，笑声就应该越大。但事实并非如此。如果犯下某个更严重的错误，比如忘记伴侣的生日，我们就不会因为这样的错误而大笑。

这就好像进化论为我们人类设计了一个重要的软件，这个软件可以发现错误并挽救我们的生命，我们只需使用这个软件，就能获得奖励。那么，会不会有另一种更好的解释，就像达尔文所观察到的那样，只有在不那么重要的情况下，我们才会发现解决不协调问题中的乐趣？答案是肯定的，而且与性有关。

性假说认为，幽默是一种能对求偶结果造成影响的公开表现。这一观点由心理学家杰弗里·米勒（Geoffrey Miller）[3]首次提出，其依据是查尔斯·达尔文的发现（我们再次归功于此）。1871年，在达尔文出版《人和动物的情感表达》（*The Expression of the Emotions in Man and Animals*）一书的前一年，他出版了另一本具有开创性的书，名为《人类的起源，以及与性有关的选择》（*The Descent of Man, and Selection in Relation to Sex*）[4]。这是一部奇怪的作品，实际上它由两本书合二为一。第一部分确认人类属于动物界，我们并不是被特别创造出来的物种，而该书的后半部分则是对达尔文所能找到的同物种的雄性与雌性在第二性征方面存在差异的所有案例的全面研究。这些差异是除生殖器官外，区分性别的特征。例如，人类的胸部和胡须。[5]达尔文想知道，为什么两性之间会有这么多差异。

达尔文的解释是，第二性征的进化是为了满足获得配偶的不同要求。自然选择会保留任何有利于求偶的动物特征。达尔文称这种自然选择为"性选择"。杰弗里·米勒推断，人类行为的许多文化特征，如音乐、艺术和幽默，也可能是通过性选择产生的，因为这些特征有助于吸引配偶。米勒的假设中有一个潜在问题，即艺术能力在男女之间不一定有差异，之后我们将回到这个问题上进行讨论。

我们预见到，性选择会产生男女之间的差异，是因为这样一个基本事实，即与卵子相比，精子不仅廉价而且数量多。一个男人每天都会产生新的精子，但一个女人的卵细胞数量是有限的，是先天规定的。这种差异带来的进化后果具有深意，尤其是雌性在孕育后代方面需要比雄性投入更大的生物成本。由此也产生了一系列的笑话：

我的妻子与我发生性关系只是为了某个目的。

昨晚她利用我给煮鸡蛋计时。（罗德尼·丹格菲尔德）

My wife only has sex with me for a purpose.

Last night she used me to time an egg. (Rodney Dangerfield)

新婚之夜后的早晨，新娘说："你知道吗，你是一个不合格的伴侣。" 新郎回答："你怎么能仅凭30秒就做出这样的判断？"

The morning after the wedding night, the bride says, 'You know, you're a really lousy lover.' The bridegroom replies, 'How can you tell after only 30 seconds?'

而从女性的角度来看，生育是一件截然不同的事情：要模拟分娩体验，可以先取一个汽车千斤顶，插入直肠，泵至最大强度，然后换成千斤顶锤子。这就是最接近分娩的体验。

女性在选择配偶时往往比男性更挑剔，因为她们对后代的生物学投入更大。多萝西·帕克（Dorothy Parker）对这种不平衡有着敏锐的感觉。她在堕胎后说："我把所有的卵子都给了一个混蛋，我真是活该。"多萝西·帕克给自己的宠物金丝雀起名叫"奥南"，就像《旧约》中的同名人物一样，"他把种子播撒在大地上"。[6]只有雄性才能负担得起如此挥霍的代价。

为什么男性会产生数以百万计的精子？因为精子从来不会停下来询问，要去向何方。

当然，某些宗教并不认为精子是超量多余的，正如蒙提·派森（Monty Python）在其歌曲《每个精子都是神圣的》（*Every Sperm Is Sacred*）中所回击的那样。[7]

性选择以两种不同的方式进行：通过同性之间的竞争和通过两性之间的择偶。雄性之间为了接近雌性而进行的竞争非常普遍，例如，在发情期间，大公象之间的獠牙相斗以及雄鹿之间的鹿角相斗。雌性之间的竞争当然也会发生：

116

琼·里弗斯：除了你的丈夫，谁是你曾与之同床共枕的最好的男人？

琼·柯林斯：你的丈夫。

琼·里弗斯：有意思的是，他可不是这样评价你的。

Joan Rivers: Besides your husband, who's the best man you've ever been in bed with?

Joan Collins: Your husband.

Joan Rivers: Funny, he didn't say the same about you.

有人说女性时尚是基于女性之间的竞争。对这样的说法，格劳乔·马克斯曾调侃说："如果女性是为男性而穿衣打扮的话，商店可就卖不了多少衣服了——偶尔能卖出一副太阳镜吧。"[8]

性选择通常是由雌性对配偶的选择所驱动的，它可以导致雄性的极端进化。雄孔雀的尾巴就是一个很好的例子，这一现象最初由达尔文本人研究探讨过。雌孔雀是棕色的，看起来邋遢矮小，与它们外表华丽的配偶没什么相似之处。在英国惠普斯奈德动物园进行的一项自由放养种群的实验表明，雌孔雀更喜欢与那些精致华丽的雄性交配，而且它们为喜欢的配偶产的蛋比为其他雄性产的蛋更多。[9]但在日本和加拿大对孔雀进行的其他研究中，却未能发现同样的雌性偏好。[10]因此孔雀现在可能被一种雌性不再用来择偶的特征所困扰，尽管雌孔雀不会看一只不会抖尾羽的雄性。

当然，这也可能只是困扰动物行为研究的普遍现象的又一个佐证案例而已。在精心控制的实验环境下，动物会随心所欲地行事。

我们不知道在孔雀中，雌性对艳丽雄性的偏爱是如何开始的。也许，一开始，健康状况最好的雄孔雀就天生眼睛明亮、尾羽浓密，而雌孔雀会识别到雄孔雀这些最天然的品质标识，并做出反应。无论雌性偏好是如何开始的，一旦发生，进化过程就会不受控制。在这个过程中，那些选择艳丽雄孔雀作为配偶的雌孔雀会繁衍出雄性后代，而这些后代会和雌性共同延续这个进化过程。这样一来，雌性偏好的优势就会延续下去，并促使孔雀继续进行性选择，雄孔雀的尾巴也就会越来越艳丽。

择偶对于进化而言至关重要，因为这确保了雌性用来挑选最佳雄性的依据不能被劣质雄性所伪造。该依据与配偶的质量相关联。只有吃得好、没有疾病的雄孔雀才能发育出巨大且鲜艳的尾羽。像雄孔雀尾羽这类进化指标，是需要雄性付出高昂代价的，这一点非常重要，因为这保证了信号的真实性。否则，"作弊者"可能会在交配中兴风作浪，而雌孔雀对于鲜艳尾羽的性选择将不再准确。想象一下，如果雄孔雀能够佩戴一副假尾羽，这会对雌孔雀的正确择偶造成多大的干扰。

羽毛艳丽的雄性和长相平平的雌性是鸟类中的常见配偶模式，说明在这类物种中，此种搭配是雌性择偶在性选择上的一种重要形式。而雄性对雌性的配偶选择却可以从另一个方向进行：

一个商人下定决心要结婚，他需要在三个女人中做出选择。他的高尔夫球友建议他对这三个女人做一个测试，看看哪一个最合适。"给每位女士5000英镑，看看她们如何处理这些钱。"商人对这个主意非常满意，于是他照做了。

一个月后，商人和朋友再次见面了，打了一轮高尔夫球后，商人告诉他的朋友发生了什么。他说："简拿着这5000英镑去了邦德街，买了一枚订婚戒指，然后向我求婚。"

"哇，感觉她很敏锐！那其他人做了什么？"

"伊丽莎白是搞金融的，她把钱投到了股市，这周她以50%的利润出售了她的股票，她保留了利润，然后把我的5000英镑还给了我。"

"那她真是个不错的姑娘！她就是你要的那个人，对吗？"

"菲奥娜给自己买了一些性感内衣，为我们预订了科茨沃尔德的一家豪华水疗酒店，告诉我她有多爱我，我们度过了一个最美妙的周末。"

"伙计，这些女人都是不错的选择。那么你中意谁？"

"当然是胸最大的那个了。"

A businessman has decided that he must finally

119

marry and he needs to choose between three women whom he has been dating. His golf buddy suggests that he set them all a test to find which one would be the most suitable. 'Give each of the ladies £5, 000 and see what they do with it. Then decide.' The businessman likes this idea, so that is what he does.

A month later, the two men meet again and over a round of golf the businessman tells his friend what happened. 'Jane took the £5, 000 to Bond Street, bought herself an engagement ring and proposed to me,' he said.

'Wow, she sounds keen! What did the others do?'

'Elizabeth is in finance. She invested the money in the stock market and this week she sold her shares at a 50 per cent profit. She kept her profit and gave me back my £5,000.'

'What a gal! She's the one, right?'

'Fiona went out and bought herself some sexy lingerie, booked us into a luxury spa hotel in the Cotswolds, told me how much she loved me, and we had the most amazing weekend.'

'Man, these women are all keepers. So who are you gonna choose?'

'The one with the biggest tits, of course.'

那么，你现在会问，性选择为何会青睐幽默呢？答案是，幽默可能是一种智力的标志，在选择配偶时，两性都喜欢它。那幽默是如何发挥作用的呢？我们首先观察到，从结果来看，人类的进化明显偏爱于智力的发展。于是，我们就可以提出一个假设，即智力是择偶时的一个重要考虑指标——因为你可不希望自己的孩子是聪明物种里的蠢货。对配偶偏好的调查显示，女性在选择长期伴侣时确实会优先考虑智力。[11]

这就是为什么爱尔兰剧作家萧伯纳会被某位著名女演员求婚了："想想看，如果孩子有你的头脑和我的美貌该多好。"萧伯纳的回答是："但如果他有你的头脑和我的外表呢？"萧伯纳的回答说明了这一论证中更深层次的道理，即机敏和智力息息相关。聪明的人懂得如何开玩笑。现在你明白了吧。一个人的幽默感就像是孔雀身后的尾羽——对于任何愿意倾听的伴侣来说，这是无法伪造的证据，证明你是一个会生出聪明孩子的性感野兽。

读到这里，你可能会想，"嗯，这是一位作者在讲笑话，内容就是说讲笑话的人多么聪明和性感。这难道不是自卖自夸吗？"你的质疑是对的，因此我们必须拿出证据来证明。但在我们验证"幽默已演变为影响求偶的公开智力行为"这一观点前，我们得注意，人不是孔雀。在孔雀中，只有雄性有花哨的展示行为，但在人类中，男女都会展示幽默。基于这样的现象，我们的假设是，人类的性选择是双向的，这源于两性的择偶。当然，性选择对双方是否同等重要，这是另一个议题，我们会在适当的时候对此加以讨论。

首先，我们必须确定，智力和幽默是否在某种程度上是遗传的。如果其中任何一个不可遗传，它们就无法进化，我们就要立即推翻上述假设。接下来，我们需要了解幽默是否与智力相关，因为如果两者不相关，性选择假说也会被推翻。其次，我们需要知道幽默是否会影响择偶以及它是如何影响择偶的。例如，假定人们认为幽默的人很有趣，适合逗乐，但不够可靠，不能成为伴侣，那么我们的假说就不成立。如果这个假说经得住所有考验，那么我们就必须研究幽默的性选择是如何开始的。从900多万年前人类的挠痒痒举动，到今天酒吧里的脱口秀，这是一条漫长的进化之路。

可以通过对比双胞胎，来预估智力或幽默等特征的遗传力。

男：我妻子是双胞胎。

朋友：真的吗？那可能会很麻烦。你怎么区分她们呢？

男：她哥哥有胡子。

Man: My wife is a twin.

Friend: Really? That could be embarrassing. How do you tell them apart?

Man: Her brother has a beard.

有些双胞胎是相同的（同卵双胞胎），因为他们来自母亲子宫内的同一个受精卵的分裂，而另一些双胞胎则不相同（异卵双胞胎），因为它们是由两个不同的受精卵发育而来的。从遗传学角度来看，异卵双胞胎并不比普通兄弟姐妹更相似。遗传性测试的逻辑是，如果基因影响了智力（IQ），那么同卵双胞胎应该比异卵双胞胎有更多相似的IQ。当一起长大时，这两类双胞胎都与其兄弟姐妹共同受到环境的影响，但由于同卵双胞胎的基因也是相同的，如果基因对双胞胎的相似度有影响，那么同卵双胞胎的相似度应该更高。

几十年来，先天（基因）和后天（环境）对智商的相对影响一直存在争议，但幸运的是，我们不必陷入这种争论。因为关于双胞胎研究的证据清晰地表明，基因和环境均会影响所有重要的心理特质，包括智商。[12] 一直以来，人们对于智商的争论都是关于"基因对智商的影响有多大"这一问题的探讨——但这并不是一个有意义的问题，因为一个人的实际智力是由其基因和环境之间的相互作用决定的。[13] 例如，基因会影响教育程度，但良好教育又可以弥补不良遗传。

一个有趣的问题是，如果认知能力（智力）对健康如此重要，那么当自然选择在数百万年来百分百有利于最聪明的人时，这种遗传特性还会存在变异吗？那么现在所有优良基因肯定已经取代了所有不良基因，我们就应该都像爱因斯坦一样聪明，像多萝西·帕克一样机智啰？而这种情况之所以没有发生，很可能是因为已知有大约一千种不同的基因会影响认知能力，而且它们在任何时候都不会朝同一个方向发展。基因的有益和有害影响随时都处在权衡之中，于是保留了可能被自然选择影响的遗传变异。[14]因此，在影响智力的基因没有消亡之前，我们讲笑话的能力就不会消失。

一个人在任何程度上具备幽默感的能力是否是遗传的？关于双胞胎的研究已经调查了人们对于幽默的使用和感知的频率，但并未客观评估被试者的幽默。在北美进行的两项研究并未发现自称的"懂得幽默"的遗传因素，但在英国和澳大利亚进行的研究发现，人们所称赞的"懂得幽默"的程度有30%到50%受遗传影响。[15]如果要解释这项研究在不同国家体现出的差异，那这些差异可能在于处于不同文化背景的人们喜欢的幽默种类不同，这些差异会影响他们在测试中回答问题的方式。几乎所有其他关于个性差异的双胞胎研究都发现了遗传的影响，所以我们可以认为幽默感可能也不例外，也受到遗传的影响。

性选择假设现在已经跨过了前两道障碍，虽然只是刚刚越过了第二道障碍，即幽默的遗传性。我们还需要一些更直接的证据来证明这一点。接下来要研究幽默和智力之间的联系。我们将借助心理学专业的大学生所进行的两项研究来完成这一挑战。[16]这两项研究客观地测试了每个学生的幽默，并与他们的认知能力测试成绩进行了比较。这两项研究表明，聪明的学生更具幽默感，此结果对男女均适用。遗憾的是，大多数心理学研究都是在学生中进行的，因为他们往往来自 WEIRD（Western, Educated, Industrialised, Rich, and Democratic；西方、受教育、工业化、富裕和民主）社会，而不是人类的随机样本。[17]然而，在相反证据出现之前，我们会接受这些研究结果，即机智是真正的智慧指标。

现在，我们面临的问题是，幽默是否是一种交配优势。有一项学生研究，通过对性交频率和性伴侣数量的问卷来调查这个问题，结果发现，交配成功与幽默之间存在预期的联系。[18]虽然这个研究支持了我们的假设，但这仅仅是一种相关性。既然只是相关性，那就有一种可能，即幽默的人会获得更多性伴侣，其真正原因是我们还未考虑到的其他因素。例如，他们碰巧身材高挑或是外貌出众。

是否有更直接的证据表明幽默与择偶之间存在因果关系？法国的一项研究通过在几家酒吧（还能在哪里呢？）进行的实验来测试这种联系。实验安排了三名年轻男士进行对话，其中一名男士讲笑话的声音大到能让附近的一名年轻女士听到。[19]聊天结束后，另外两名男士离开酒吧，剩下这名男士走到年轻女士面前，向她要她的电话号码。讲笑话的人成功要到电话号码的概率是不讲笑话的人的两倍。虽然这个实验确实直接支撑了"女性更喜欢幽默男性"这一观点，但成功率却令人惊讶，原因有两点。首先，笑话本身太蹩脚了。出于必要，我在此转载其中一个：

两个朋友在聊天。"喂，伙计，你能借我100欧元吗？"

"你知道吗，我身上只有60欧元。"

"好吧，把你身上的钱给我，你就只欠我40欧元了。"

Two friends are talking. 'Say, buddy, could you lend me 100 Euros?'

'Well, you know I only have 60 on me.'

'Ok, give me what you've got and you'll only owe me 40.'

其次，讲笑话的人总是会先对他的朋友说，"我要给你们讲个笑话"。显然，讲笑话的人展示的并非自己天生具有的智慧，而是自己的记忆力，也许这些笑话用法语讲起来会好笑一点儿吧。

我们在谈到幽默是否影响择偶的问题时，不能忽视这样一个事实，即良好的幽默感（Good Sense of Humour, GSOH）是人们在寻找伴侣时所追求且自身会具备的共同特征，至少在智能手机和某些约会软件出现之前是这样的。

一个男人向婚介所抱怨说，他们没有为自己匹配到合适的约会对象。"你们难道找不到一个既不在乎我的长相，又不介意我没有幽默感，而且胸部很大的女人吗？"

A guy complained to a dating agency that they had not matched him with any compatible dates. 'Haven't you got someone who doesn't care what I look like, isn't bothered that I have no sense of humour, and has a lovely big pair of boobs?'

负责该机构的女士搜寻了数据库之后回答说:"其实确实有这么一个人,但这个人是你自己。"

The woman running the agency checked her database and replied, 'Actually we do have one. But it's you.'

大多数人认为自己有高于平均水平的幽默感。由于从统计学上来说,不可能每个人都高于平均水平,这恰恰说明我们对幽默感有多么重视。没有人会在择偶时说他们希望未来的伴侣有良好的嗅觉或高于平均水平的味觉。与男性寻找女性伴侣时相比,女性在寻找男性伴侣时会更频繁地要求对方具有幽默感。虽然男性也重视幽默感,但显然对他们来说,(女性是否具有)幽默感并没那么重要,他们真正想要的是一个会觉得他们很有趣的女人。[20]正如弗吉尼亚·伍尔夫所言:"几个世纪以来,女性一直扮演着镜子的角色,她们拥有神奇而美妙的力量,可以将男性的身材放大一倍。如果没有这种力量,地球现在可能仍然是沼泽和丛林。"[21]

重要的是,要考虑男女在择偶时对幽默感的重视程度是否可能是受文化而非遗传的影响。一项针对53个国家超过20万人的择偶偏好的在线调查发现,各国的性别偏好相当一致。在描述对伴侣偏好的23个特征中,男性最受欢迎的三个特征是智力、容貌和幽默,女性则是幽默、智慧和诚实。[22]值得注意的是，两性在选择伴侣时都很重视智力和幽默，而且两性之间的差异微乎其微。

我们还必须认识到，民族差异并不是文化影响幽默的唯一原因。大多数国家都是父权制国家，男人掌控着一切，在这些国家里，有一种先入为主的观念：男人比女人更有趣。[23]通常情况下，男性对此深信不疑，但他们没有体会到女性之间的幽默。实际上，女人在谈话中笑得比男人更多，尤其是在全是女性职员的公司里。[24]

> "二战"期间，两名女子陆战队成员正在一块胡萝卜地里挖土。一个人捡起一根巨大的胡萝卜，转向另一个人说道："呃，格特，这根胡萝卜让我想起了我的老爸！"
>
> 另一个人说："科尔，他真的有那么大吗？"
>
> "不，他就是那么脏。"
>
> Two members of the Women's Land Army are digging in a carrot field during World War II. One picks up a giant carrot and turns to the other. 'Ere, Gert, this carrot reminds me of my old man!'
>
> 'Corr,' says the other, 'is he really that big?'
>
> 'Nah, he's that dirty.'

如今，越来越多的成功女性喜剧演员在这个仍以男性为主的行业中占据一席之地。即使你曾经怀疑过，但你不得不承认，在过去，女性的幽默一直只是隐藏起来的，但并没有缺失。

性选择假说成功通过了我们对其进行的所有测试，因此，配偶选择似乎确实可以解释这个问题，即为什么我们会用幽默来吸引人们对我们认知能力的关注。理论上，幽默的性选择对雄性和雌性配偶的选择都适用，只是人类与孔雀的情况不同。[25]雄孔雀对其后代的唯一贡献是它的基因，它不像黑鹂等其他鸟类的雄性那样会参与抚养自己的后代，也不同于人类社会中的常规模式（男性会参与抚养后代）。只提供给伴侣精子这样的资源是远远不够的，你还需要展示你的赚钱能力来引起对方的注意。如果除了精子以外，男性还能为其伴侣及后代提供照顾，那么这对女性来说就更有价值，这样的男性也可以选择配偶。男性之所以能够行使择偶权，是因为他们确实可以为女性提供更多的东西，而不仅仅是基因。

"有许多机械装置可以增加性唤起，尤其是对有些女性而言。其中最明显有效的就是梅赛德斯·奔驰380SL敞篷车。"——史蒂夫·马丁（Steve Martin）

'There are a number of mechanical devices which increase sexual arousal, particularly in women. Chief among these is the Mercedes-Benz 380SL convertible.' (Steve Martin)

孔雀开屏和人脑之间还有一个重要的区别：孔雀是在

展示属于雄性并且只对雄性有用的东西，而幽默则是在展示认知能力，这种能力在女性和男性身上都有体现，对男女都有价值。由于涉及认知能力的基因有上千个或更多，因此这些基因不可能局限于Y染色体（男性独有的）上的一小部分基因组。所以，影响认知能力的基因必然存在于两性中并由两性表达。向萧伯纳求婚的女演员是绝对正确的，因为如果她和萧伯纳生了孩子，无论是男孩还是女孩，都会继承萧伯纳的一部分智慧和女演员的一部分美貌，因为智力和外貌是由多个基因决定的。萧伯纳多半是个聪明人，但他对遗传学的想法就没那么聪明了。

把孔雀的例子用于解释幽默在性选择中的作用，可能并不完全恰当，但二者都有一个我们尚未讨论过的共同特征。

　　为什么孔雀不会横穿铁轨？因为它不想自己的漂亮尾巴被碾压。[a]

　　Why didn't the peacock cross the railroad track? Because he didn't want to catch his train.

幽默就像孔雀开屏，如果你用错了，那么它就会成为一个问题。这个笑话本该很好笑，但它是在无病呻吟，不是吗？我不知道为什么，也许是因为故事的设置和妙语之间不够协调，或者是因为它太复杂了。你知道笑话本来应

（a）　英语中的"火车"与孔雀的"尾羽"是同一个单词（train）。——译者注

130

该是有趣的，但它却变成了一则失败的笑话，这就是展示幽默的弊端。失败和成功一样，是公之于众的。请记住，要使性选择发挥作用，那么指示的产生就必须让生产者多费点儿工夫，否则掩饰和欺骗会使得指示失去其判别价值。用幽默来炫耀自己的认知能力，代价是使自己身陷嘲弄或赞许之中。试图逗笑别人的结果是自己最终可能成为笑柄，而且会感觉自己十分愚蠢。[26]这种弊端是幽默固有的，只有真正的智者才能避免，而假冒的幽默最终会被淘汰。人们善于区分真正的笑声和被迫而发的笑声，即使在语言不通的情况下也是如此。[27]

在我们继续讨论之前，先稍作总结。所有年幼的哺乳动物都会在玩耍时发出欢快的声音，这可能是"一切正常"的信号。这似乎也是笑声进化的起源，也可以解释为什么笑声具有感染力，因为动物在嬉戏时需要所有的玩伴向彼此发出无害的信号。[28]后来幽默变成了笑声的额外触发因素，延续了与原本游戏发声相关的快乐、安全、自发性和感染性的特性。幽默是由解决期望和感官数据之间的不协调而产生的。这是一种调试机制，但这不是幽默的主要功能，因为幽默只由非威胁性的不协调因素触发。另一个得到广泛数据支撑的假说是，幽默是一种公开展示认知能力的方式，它通过择偶得到性选择的青睐。

到目前为止，性选择假说还算不错，但幽默可能有另一个好处，即"笑是良药"。从字面上看，这个说法是错误的。有一项针对500名业余单口喜剧演员（他们听到的笑声肯定比任何人都多）的健康调查发现，他们的健康状况实际上在同年龄层和同性别中更差。[29]更糟糕的是，虽然原因尚不清楚，但越幽默的喜剧演员死得越早。[30]英国喜剧演员汤米·库珀（Tommy Cooper）实际上是在演出中途去世的，享年63岁。这些研究都不是用于测试实际药物疗效的临床级别的双盲实验，但即使按照一般表演者的低标准来要求，单口相声表演也不是最健康的职业。虽然喜剧演员只是笑声制造者，但据我所知，还没有人测试是否观众笑得越多就越长寿。

"笑是良药"这句话有自己的演变历史，它始于《圣经》中《箴言》的第17章，在詹姆士钦定版本中是这样写的："喜乐的心，乃是良药。"这种更含蓄的说法得到了科学证据的支撑（不过这种说法具有前提条件）。虽然不可控的笑声会给人带来生理上的影响，甚至可以使人暂时大脑空白，但至今还未证实笑作为一种运动有益于身体健康。[31]

相比之下，有大量研究证明，笑有益于保持幸福感和良好的精神状态。[32]笑不仅可以通过产生内啡肽使人振奋，而且还提高了疼痛阈值。[33]在紧张的情况下开玩笑不仅有助于缓解当时的紧张感，还有助于应对事后的记忆。[34]

是否存在一种可能，即笑声对心理健康的有益影响首先促成了笑的演变？这似乎是可能的，尽管这只是对性选择作用的补充，而不是替代性选择。玩耍和择偶之间的关系说明了笑声的许多特征，不仅仅对健康有益处。例如，远古祖先还没有进化出幽默感，也没有将其与笑声联系在一起，那么发现细微的不协调会给健康带来什么益处呢？而同时一旦幽默和笑声随着荷尔蒙诱发的良好反应发生演变，那么显而易见，此演变会有益于心理健康，而这可能会给幽默带来优势。在演变过程中，有一种典型的演变方式就是将一种优势与另一种优势叠加，这可能是健康影响带来的结果，尽管这些结果可能只是偶然。

在迄今为止的故事中，我们已从生物学角度对笑声进行了彻底的研究，并揭开了它隐藏的进化史。

你怎么称呼那些不相信进化论的人呢？

否认灵长类动物进化的人。

What do you call someone who does not believe in evolution?

A primate change denier.

最重要的是我们能够意识到"为什么进化让我们发笑"。首先，这是一个意义深刻的科学问题。一旦你意识到这点，你就可以进一步发现，笑是一种玩耍的发声方式，具有深刻的进化起源。然而经历了很长时间，幽默才成为笑声的触发因素，这建立在大脑另一个早就存在的功能之上，即错误检测机制。奇怪的是，我们只会因微不足道的错误或不协调之处而笑，因为笑声不是为了生存和防御而生的，而是为了吸引对象和展现自我。性选择是至关重要的：幽默表明了你拥有求爱的智慧。

笑话与文化

我希望像祖父一样，在睡梦中安详地死去，而不是像坐在他开的车上的那些乘客一样，惊恐尖叫着死去。

I want to die peacefully in my sleep like my grandfather, not screaming in terror like his passengers.

根据2001年开展的一项名为LaughLab的大型在线调查（该调查旨在寻找世界上最有趣的笑话），上面提及的这个笑话是苏格兰人最喜欢的笑话。¹LaughLab收到了来自70个国家/地区的40000个笑话和35万个评分。英格兰人最喜欢的笑话是这样的：

两只黄鼠狼坐在吧台凳上。其中一只开始羞辱另一只。它尖叫道："我和你妈妈睡了！"酒吧瞬间安静下来，大家都在听，看另一只黄鼠狼会做什么。第一只黄鼠狼又再次大喊："我睡了你妈妈！"

另一只说："回家吧，爸爸，你喝醉了。"

Two weasels are sitting on a bar stool. One starts to insult the other one. He screams, 'I slept with your mother!' The bar gets quiet as everyone listens to see what the other weasel will do. The first weasel again yells, 'I SLEPT WITH YOUR MOTHER!' The other says, 'Go home, Dad, you're drunk.'

美国人偏爱黑色幽默和体育运动，他们最喜欢这个笑话：

一天，一个男人和他的朋友在当地的高尔夫球场打球。当他正准备切球时，看见一支长长的送葬队伍沿着道路方向走来。他在挥杆中途停下，摘下高尔夫球帽，闭上眼睛，深深地鞠躬并默默祈祷。

他的朋友见了说："哇，这是我见过的最体贴、最感人的事了，你真是一个善良的人。"

随后这个男人回答说："是啊，怎么说我们也结婚35年了。"

A man and a friend are playing golf one day at their local golf course. One of the guys is about to chip onto the green when he sees a long funeral procession on the road next to the course. He stops in mid-swing, takes off his golf cap, closes his eyes, and bows down in prayer.

His friend says: 'Wow, that is the most thoughtful and touching thing I have ever seen. You truly are a kind man.'

The man then replies: 'Yeah, well, we were married 35 years.'

加拿大人会被一个以他们的超级大国邻居为笑话的段子逗乐：

美国太空总署第一次派太空人上太空时，很快发现，圆珠笔无法在零重力的情况下工作。为了解决这个问题，美国太空总署花了10年时间和120亿美元研发了一种钢笔，这种笔可以在零重力、倒置、水下等情况下使用，并且几乎可以在一切表面上书写（包括玻璃），适应温度的范围从0摄氏度到300摄氏度。而俄罗斯宇航员解决问题的办法是用铅笔。

When NASA first started sending up astronauts, they quickly discovered that ballpoint pens would not work in zero gravity. To combat the problem, NASA scientists spent a decade and $12 billion to develop a pen that writes in zero gravity, upside down, underwater, on almost any surface including glass, and at temperatures ranging from below freezing to 300℃. The Russians used a pencil.

在所有参与LaughLab调查的国家中，最不具幽默感的德国人反而是最容易被逗乐的，而不是英国人（英国人总是以自己的幽默感为傲）。德国人最喜欢的笑话是这样的：

> 一位将军注意到，他的部队里有名士兵举止怪异。这位士兵总是会捡起他看到的任何一张纸，皱着眉头说："不是这个。"然后又把纸放下。这种情况持续了一段时间，于是将军安排该士兵接受心理测试。心理学家断定这名士兵精神不正常，给他开了一张退伍令。士兵拿起退伍令，笑着说："这就对了。"
>
> A general noticed one of his soldiers behaving oddly. The soldier would pick up any piece of paper he found, frown, and say: 'That's not it,' and put it down again. This went on for some time, until the general arranged to have the soldier psychologically tested. The psychologist concluded that the soldier was deranged, and wrote out his discharge from the army. The soldier picked it up, smiled, and said: 'That's it.'

经过对大量笑话的研究以及一些数字计算后，设计出LaughLab 的心理学家理查德·怀斯曼（Richard Wiseman）得出结论：实际上，这个世界并不存在最有趣的笑话。[2]在幽默这场"奥运会"上，每个国家都有自己的游戏规则。这个结论也许显而易见，但更有趣的是，我们现在

140

已经知道，尽管笑话不同，但由幽默引发的基本大脑机制是相同的，差异在于文化。

幽默对于人类交流和社会交往来说不可或缺，因此几千年来，其不协调的内核一直隐藏在文化的过度繁衍之下。尽管自亚里士多德以来的伟大思想家们偶尔也会窥见其中的真相，但始终存在着一些对立的解释，例如优越论，就无法令人忽视。但是，既然我们已经揭开了幽默的本质，并确立了它的生物学和进化论基础，那么我们就可以更清楚地识别围绕着它发展起来的一些文化装饰物的本质：社会现象。

本章的目的是，研究不同文化在解决幽默中的不协调时是如何表现的，以及是否存在某些规则来规范它。为此，我们将研究笑声在社会中的作用，或者换句话说，研究笑声的社会功能。社会心理学家认为，笑声和微笑一样，主要有三个功能：第一，给予对方回应，加强人们之间的社会联系；第二，加强群体成员之间的归属感；第三，表明一个群体优于另一个群体。[3]此外，笑声还有第四个社会功能：颠覆——幽默是弱者的武器。让我们想着这四种功能，在不同文化的笑话中寻找它们。

首先需要注意的是，"功能"一词在生物学和社会心理学中的含义截然不同。例如，在生物学中，如果我们说肾脏的功能是清理血液中的废物，那么这是对肾脏在人体运作中所起的生理作用的陈述。生理功能很容易通过器官对健康和疾病的影响来确定。如果肾脏功能失常，那么就需要进行移植、透析或者联系殡仪馆。自然选择是进化的动力，它依靠的是个体优势的力量，因此不难理解肾脏进化的原因，甚至鼻涕虫也是有肾的……我又离题了。

笑这样的社会行为是通过自然选择进化而来的，不过具体是如何进化的往往难以确定。直到最近，我们才完全明白幽默的笑声是如何通过性来选择进化的。社会行为的进化之所以更难弄清，是因为它不像生理功能那样在一个身体中运作，而是在两个或更多的大脑中运作。这给研究增加了额外的复杂性，因为个体优势取决于他人的反应。

在笑声的四种社会功能中，回报功能是最容易理解的，因为笑声在进化过程中起源于玩耍的发声（见第四章所述）。玩耍对动物的社会性发展很重要，对个体的晚年生活益处良多。玩耍是我们学习如何与我们赖以生存和繁衍的其他物种安全互动的方式。

笑声的回报功能是其第二个社会功能的基础，即在群体中创造一种归属感。我们可以将这种影响直接追溯到游戏中幽默的起源，其中，笑声是群体社会凝聚力的必要黏合剂。显而易见，在格拉斯哥酒馆等社交场合中，这种归属感对个人是多么有益：

> 每个人都为这家酒吧带来了快乐，有些人是在到达时，有些人是在离开时。[4]
>
> Everyone brings happiness to this pub. Some when they arrive, some when they leave.

社交笑声会促进内啡肽的分泌，使人产生依恋和幸福的感觉，该结果可以经测试衡量。在一项对近100名心理学专业学生（幽默心理学的实验对象）的研究中，两位相同性别、互不相识的学生被安排成一组。[5]其中一半的参与者被要求共同完成愚蠢的任务，比如蒙着眼睛学习舞步，而另一半参与者则被要求完成类似的任务，但以严肃的方式进行。在事后的采访中，那些共同完成愚蠢任务的人，彼此有说有笑，明显比那些以严肃方式共同完成类似任务的人关系更亲近。此外，这种效果在那些幽默感测试良好的学生身上体现得最为明显。

另一项研究则采用了不同的方法，这项研究要在两周的时间里，观察笑声在162名学生的日常生活中所起的作用。[6]每位参与者都要在线记录自己持续十分钟或更长时间的所有社交活动。此研究在两周内记录了超过5500次的社交接触，每次与他人接触时，受试者都要记录下是否有笑声、对互动的积极感受，以及接触对象是熟人还是陌生人。研究发现，若参与者与某人在社交接触中产生了笑声，这会提升他下一次互动的体验（不管是与同一个人还是与一个陌生人）。如果参与者与接触者曾经一起笑过，那么他们的关系会更亲近。但是这种效应不会反过来起作用。当参与者与其感到亲近的人见面时，他们在随后的相处过程中也许不太可能会笑。换句话说，是笑声创造了对他人的亲近感，而不是对他人的亲近感创造了笑声。

诸如此类的研究结果并不会让我们感到惊讶，但这些

143

研究结果为我们提供了有价值的科学证据，证明笑声在日常生活中对于人与人之间的互动起到了积极作用。更令人惊讶的是，一项面对近5000人进行的长达20年监测的大规模研究发现，快乐是会传染的，你的幽默感不仅对你遇到的人会有积极影响，而且对他们之后遇到的人也会有积极影响。[7]这项研究是在马萨诸塞州的弗拉明汉小镇上进行的，那里的居民已经连续三代自愿参加一项关于心脏病的长期医学研究。除了定期的健康检查外，该研究还记录了友情、家庭关系、邻里关系和同事关系。每个研究对象都需要定期回答一份调查问卷，其中包括一些旨在检测抑郁症的问题。在问卷中关于快乐量表的评分选项里，人们可以选择关于自己上周情况的描述，如："我对未来充满希望""我很快乐"或"我享受生活"。

这项研究的初衷并不是测试人们的情绪如何影响社交网络中其他人的情绪，因为我们不知道那些自称快乐的人是否真的和他们的朋友以及家人在一起时谈笑风生。但如果他们并非如此，那就确实有些奇怪了。不过，研究人员发现，弗雷明汉的居民们人均幸福指数都很高。快乐的人彼此之间在社交上是相互联系的。这一观察结果本身可能说明了"物以类聚"的效应。换句话说，快乐的人会相互吸引。[8]这当然是最简单的解释，但基于多年来对弗雷明汉居民的反复调查研究，这一结果有可能也检验了另一个假设：一个人幸福感的变化会影响周围人幸福感的变化。这点确实是研究结果所要表明的。

当一个人变得快乐时，住在他们一英里范围内的朋友感到快乐的可能性会增加25%。同样的效应也会出现在隔壁邻居、同居的配偶和住在附近的兄弟姐妹中，但影响的程度较小。一个人自身幸福变化的影响不仅可以在其最亲密的朋友中检测到，还可以在三层之遥的关系中检测到：也就是在他们的朋友的朋友的朋友中检测到。朋友和亲戚与快乐的人住得越远，或者与其接触的时间间隔越长，受到的积极影响就越小。

2008年发表的一份研究报告表明，快乐可以在整个社区中引发连锁反应。这一发现引起了轩然大波。正如经常在科学界出现的那样，人们对研究所声称的情况是否真实抱有谨慎的怀疑态度。一方面，快乐的人彼此之间认识，这并不算什么新闻，不是吗？另一方面，传递快乐正是你所期望发生的，因为我们知道，一个人的笑声可以改善周围人的情绪。然而，我们需要防止认知偏差。当我们得到一个对我们来说有意义的结果时，这并不意味着这个结果就一定是真的。

> 我发现我的邻居在往他的汽车上撒面粉。于是我问他："你为什么这样做？"
>
> 他说："嗯，这样能让北极熊远离我的车。"
>
> "但是这里没有北极熊呀。"我说。
>
> "没错！"他回答说。"你看，是不是很有效！"
>
> I caught my neighbour sprinkling flour over his

car. 'What are you doing that for?' I asked.

'Well,' he said, 'it keeps the polar bears away.'

'But, there are no polar bears round here,' I said.

'Exactly!' he replied. 'You see, it works!'

要确定一个人的快乐能够使其朋友感到快乐，并以此类推到第三层关系的唯一方法是进行实验验证。在这个实验中，你可以操纵随机样本对象的情绪，并在其社交网络中寻找由此引发的一系列反应，并将他们与未经操纵的对照组进行比较。针对弗雷明汉居民的研究与这个实验的标准十分接近，因为它确实遵循了幸福感随时间变化这一规律。然而，幸福感发生变化的最初原因是未知的，并不是因为对人们的生活进行了刻意的实验干预。当然，从道德方面而言，在未经他人同意的情况下，不能操纵人们的情绪。结果就是，我们无法确定本研究中观察到的影响是否真的是朋友和邻居之间传播的结果。共同的经历也能造成同样的结果。例如，像婚礼这样的活动可以提升整个群体的正面情绪。

科学的特点是具有可重复性，但实际上，针对弗雷明汉居民的研究是独一无二的，所以社会科学家不得不从别处寻找证据，证明幸福等情绪在社交网络中具有传播性。科学家们已经在社交媒体上找到了证据。康奈尔大学的一位社交媒体数据科学家和两位同事进行了一项大规模的在线实验，对近70万名用户的新闻推送进行了处理，筛选出较少正面、较少负面或情感内容不变的帖子。[9]结果显示，接受实验操纵对象所发布的正面或负面信息更少，与他们从其他人那里得到的信息一致。由于这些变化是实验对象对实验操纵的反应，因此该研究最终证明了情绪可以在社交网络中传播。

遗憾的是，社交媒体研究的参与者并没有被明确告知其信息流会被操纵，也不知道他们的反应会受到监控，所以参与者们既不能给予知情同意也不能选择退出。这违反了通常适用于社会科学的伦理原则，尽管社交媒体当时的数据使用条款对此有所规定。这项研究发表后，即便伦理问题已经"马失前蹄"，发表这项研究的著名科学杂志仍然发表了一篇礼貌的社论来"表达关注"。其实早在1946年，诗人W.H.奥登（W.H. Auden）就预见到了这种对学术标准的妥协。他在哈佛大学的毕业典礼上发表了诗意的演讲，告诫毕业生要遵守学术自由十诫，其中包括：

你不得对项目虔心敬拜，

你也不可对行政部门卑躬屈膝。

不得参与俗世事务的问卷调查，

也不可盲从地参加任何测试。

不可与统计学家们同坐共事，

也不可对社会科学研究过度工具化。[10]

在网络上进行社会科学研究也有符合道德规范的方法。一项巧妙的研究避免了故意操纵用户信息导致的道德问题，就是让天气来做这件事。研究发现，居住在下雨城市的人

147

在社交媒体上发帖时往往会表达更多的负面情绪，而这增加了朋友和朋友的朋友在没有下雨的城市发布负面信息的概率。[11]这些社交媒体研究证实了"情绪会传染"的假设，但此处也有一个需要警惕的问题。

涉及数百万条帖子的研究是通过计算机算法来分析的，从帖子中出现的某些词语推断出用户的情绪，这些词语在统计学上与积极或消极情绪相关。帖子中正面词汇多、负面词汇少，就意味着用户心情愉悦，反之则表示情绪低落。但此算法的准确性有多高呢？有一项研究要求数百人记录他们一天的感受，然后将这些报告与他们在帖子中使用的情绪词相匹配，发现这两者都不能用来相互预测。[12]这表明，在对数以百万计的帖子进行抽样研究时所检测到的影响实际上是非常微不足道的，以至于它们消失在更小的网络空间的混杂信息中。而个人用户拥有的社交网络规模就比较小。

在同一研究中，人们还对帖子的情绪进行评分，这些评分确实说明了人们所说的感受与其在社交媒体上表达的情绪相关。因此，更好的软件，也许是经过人类训练的，可能会在社交网络中显示出比目前大规模研究所揭示的更强的情绪传染效应。

现在，回到我们当初投身社交媒体研究的原因上来，这对我们了解幽默的附属性社会功能有什么启示呢？结合我们讨论过的其他证据，我们可以得出这样的假设：幽默通过大范围地传播情感来促进归属感，这种情况不仅可以在网络上发生，也可以在面对面的人际交往中发生。

医生们互相调侃的笑话中蕴含着两种社会心理需求：归属感和优越感。法国一项医学幽默研究揭示了整个霍布斯式幽默的来源，每个医学专业都用这些幽默来嘲笑其他专业。[13]

什么是结肠镜？它是消化科医生使用的一种仪器，两端各有一个"眼"。

外科医生和上帝有什么区别？上帝从不认为自己能当外科医生。

火车和精神科医生有什么区别？火车在偏离轨道时就会停下来。

在手术室里如何区分外科医生和麻醉师？外科医生的长袍上沾满了血，麻醉师的长袍上沾满了咖啡。

如何描述两位看心电图的整形外科医生？一项双盲测试研究。

What's a colonoscope? An instrument used by a gastroenterologist that has an arsehole at both ends.

What's the difference between a surgeon and God? God doesn't think he's a surgeon.

What is the difference between a train and a psychiatrist? A train stops when it goes off the rails.

How do you tell a surgeon from an anaesthetist in the operating theatre? The surgeon's gown is stained with blood, the anaesthetist's gown is stained with coffee.

What do you call two orthopaedic surgeons looking at an ECG? A double-blind study.

虽然优越感并不像许多人曾经认为的那样是所有幽默的基础，但它是幽默的主要文化表现形式之一，具有独特的社会功能。幽默的发展并非以社会控制为目的，但嘲笑他人无疑是幽默的用途之一。在美国，从奴隶制时代到美国民权运动时期，种族主义幽默是白人至上主义的一个堡垒。白人表演者化妆成黑脸，扮演哑巴黑人，利用并强化了白人观众的偏见，助长了对非裔美国人的非人化和对奴隶制的维护。其中一个表演者托马斯·赖斯（Thomas Rice）创造了吉姆·克劳（Jim Crow）这个角色，他在1837年的一次表演中开始发表演讲，他说："我研究了南部种植园的黑人……事实上，我证明了黑人在本质上是人类大家庭的劣等物种，他们应该继续做奴隶。"[14]

当然，纳粹德国中出现的臭名昭著的犹太人漫画也起到了同样的反人性作用，并最终造成了针对犹太人的种族灭绝。近来，心理学家让志愿者接触种族主义和性别歧视幽默，并广泛研究了这一行为对他们的社会观念的影响。[15]实验表明，这种幽默并未使以前没有偏见的参与者产生偏见，但它确实强化了现有的性别歧视和种族主义态度，使人们倾向于表达他们以前可能不愿表达的偏见。最令人担忧的是，在此类研究中，那些偏爱恶意的性别歧视笑话的男性受试者，在接触到性别歧视幽默后，更赞同对女性实施性暴力。[16]

幽默可以用来扭转局面，削弱和减少性别歧视和种族主义吗？有一些喜剧演员，如克里斯·洛克（Chris Rock），就试图这样做。但研究表明，他们是在向唱诗班布道，无论偏执狂的言行多么值得嘲笑，然而嘲笑偏执狂并不能打败偏执狂。[17]先入为主的偏见会影响人们如何看待那些嘲笑他们态度的笑话，所以像下面这个笑话，如果之前被种族主义的人听到，他们会不以为然：

你怎么称呼黑人飞行员？

飞行员。

What do you call a black aircraft pilot?

A pilot.

研究表明，幽默所带有的优越感属性会揭示并可能放大现有的社会观念，而不会对现有的社会观念发出挑战。

笑声可以表示嘲笑，但其出现的社会环境分为两种。当嘲笑的发出者占主导地位时，笑声是优越的；当嘲笑的对象占主导地位时，笑声就具有颠覆性。就像幽默经常被用来妖魔化受压迫的一方，并证明压迫者的优越性一样，幽默也被颠覆性地用来转换局面，嘲笑统治者。一位非洲的前总统倒台后，下面这则笑话便在社交媒体上流传开来：

前总统走进一家鞋店，想买一双新靴子。他刚进门，店员就递给他一双靴子，样式正合他意，尺寸也恰好合适。

"你怎么知道我的鞋码?"

"很简单，"店员回答说，"你已经践踏了我们这么久，我们都知道你穿什么尺寸的靴子。"[18]

Ben Ali goes into a shoe shop to buy a new pair of boots. Scarcely is he through the door than the shop assistant presents him with a pair of boots of exactly the style that he likes in precisely the right size.

'How did you know my shoe size?' asks Ali.

'Easy,' replies the shop assistant. 'You have been stomping on us for so long, we all know exactly what size boots you wear.'

乔治·奥威尔（George Orwell）[19]写道："每个笑话都是一场小小的革命。凡是能破坏尊严，让权贵下台，还能引起轰动的笑话，都是好笑的。"这就是为什么暴君不喜欢被嘲笑。在希特勒统治德国期间，纳粹有专门的法庭，对讲颠覆笑话的人进行审判并判处死刑，比如这个笑话，让一个叫玛丽安的人付出了生命代价：

希特勒和戈林在柏林的无线电塔上，看着下面的人群。希特勒想做点儿什么让柏林人的脸上露出笑容。

于是戈林说："不如你跳下去吧?"[20]

Hitler and Goering are on the radio tower in Berlin, looking at the crowds below. Hitler wants to do something to put a smile on the Berliners' faces. So Goering says: 'Why don't you jump?'

以下是一个关于政治的地下笑话:

最佳政治笑话竞赛揭晓:

三等奖——10年监禁并没收所有财物

二等奖——15年的单独监禁

一等奖——25年的监禁

A contest for the best political joke was announced.

3rd Prize — 10 years and confiscation of all belongings

2nd Prize — 15 years' solitary confinement

1st Prize — 25 years' imprisonment

苏联作家和诺贝尔奖得主亚历山大·索尔仁尼琴(Alexander Solzhenitsyn)不会觉得这个笑话好笑。他因为在一封私人信件中含有不符合当时政治审查的言论而在西伯利亚监狱服刑8年。

因为讲不恰当的政治笑话,有些人被送入劳改营。

153

白海运河是谁建造的？

运河右岸是那些讲政治笑话的人建造的。

那左岸呢？

是听笑话的人。

Who built the White Sea Canal?

The right bank was built by those who told jokes.

And the left bank?

By those who listened.

在一本名为《锤子和痒痒》（*Hammer and Tickle*）的书中，作者本·刘易斯（Ben Lewis）表示，有些笑话是反沙皇笑话的翻版[21]。更有甚者，在东欧的不同国家中，公共笑话如出一辙。尽管国家不同，但这些笑话都被视为本土发明，展现了捷克人、保加利亚人、匈牙利人或任何讲述这些笑话的人的本土智慧。

从沙皇时代开始，漫画主人公都拥有明显的犹太人身份，这是一个经久不衰的主题。即使在斯大林去世后，犹太人仍然经常成为政治笑话的主角。

同时，幽默在犹太人的生活中具有特殊性和重要性，因此犹太笑话自然成为探索幽默文化意义的媒介。什么是犹太笑话？为什么有这么多的犹太喜剧演员？犹太人的幽默智慧从何而来？

许多作家都试图定义犹太幽默的特点，但都没有成功。弗洛伊德收集了一些犹太人的笑话，并利用这些笑话来阐

154

述他的论文《笑话与无意识的关系》(*Jokes and Their Relation to the Unconscious*)。[22]弗洛伊德收集的大部分笑话并不特别具有犹太特色。比如：

> 两个犹太人在澡堂的附近相遇。"你洗过澡了吗？"其中一个人问。
>
> "什么？"另一个人反问，"是不是少了一个人？"
>
> Two Jews met in the neighbourhood of the bath house. 'Have you taken a bath?' asked one of them.
>
> 'What?' asked the other in return, 'is there one missing?'

还有：

> 两个犹太人在讨论洗澡的问题。"我每年都会洗一次澡，"其中一个说，"不管我是否需要。"
>
> Two Jews were discussing baths. 'I have a bath every year,' said one of them, 'whether I need one or not.'

弗洛伊德把这个笑话描述得相当粗糙，透露出一种拘谨的态度，这大概也解释了为什么尽管他在学术上对性很感兴趣，却完全忽略了犹太人在性笑话中丰富的内涵。给犹太笑话下定义是困难的，这一点不足为奇。为什么困难

155

呢？因为在大多数话题上，可以说是"两个犹太人，三种意见。"

一位新的拉比被任命到犹太教堂，他发现每到安息日，教徒就分成了两个阵营，差不多一半的时间他们都在互相争论。其中一个阵营的教徒站着诵经。而另一个阵营的教徒则认为必须坐着背诵。拉比受够了这种争吵，于是他邀请这两个阵营各自的代表来与他见面。他还邀请了教徒中最年长的成员就传统问题提出建议，拉比问他："这个教堂的传统是站着背诵吗？"

"不，这不是传统，"老人回答说。

"哈哈！"坐着的人说。"你看，我们是对的！"

"好吧，"拉比对老人说，"这个教堂里的传统是坐着背诵吗？"

"不，这也不是传统，"老人回答说。

"怎么会呢？"拉比说，"站着不是传统，坐着也不是传统。那人们就会争论不休了！"

"这就是传统。"老人说。

A new rabbi is appointed to the synagogue and finds that every Shabbat (Sabbath) the congregation is divided into two camps who spend half the service shouting at each other. In one camp are the congregants, who recite the holy Shema while standing up, and in the other are those who believe that it must be recited while seated. The rabbi gets fed up with the disruption and invites a representative of the standers and a spokesperson for the sitters to meet him. He also asks along the oldest member of the congregation to advise on tradition and he asks him:

'Is it traditional in this Shul (synagogue) to recite the Shema while standing up?'

'No, that's not the tradition,' replies the old man.

'Aha!' says the sitter. 'You see, we are right!'

'Well,' says the rabbi to the old man, 'Is it traditional in this Shul to recite the Shema while sitting down?'

'No, that's not the tradition,' replies the old man.

'How can that be?' says the rabbi. 'It's not the tradition to stand and it's not the tradition to sit. Everyone is just going to carry on arguing!'

'That's the tradition,' says the old man.

但是，好争辩绝不仅限于犹太人。新教徒似乎也很容易如此。在我居住的爱丁堡附近，四个属于不同新教教派的教堂在一个十字路口面对面耸立着，当地人称之为圣角。著名的笑话和文化学者克里斯蒂·戴维斯（Christie Davies）在其《民族的欢乐》（*The Mirth of Nations*）一书中发现，在19世纪末和20世纪初，圣角的四座教堂建成时，犹太人的幽默与苏格兰人的幽默有许多相似之处。[23]他认为，这些相似之处是由于在这个英语主导的地区中，苏格兰人占少数。因此，下面这个犹太笑话也很可能是长老会的笑话：

戈德堡遭遇海难，被冲到一个荒岛上。作为唯一的幸存者，他独自在岛上生活了很多年。直到有一天，一艘路过的游轮发现了他的烟雾信号，并派一艘船上岸营救他。救他的人好奇地问道："那边的小屋是什么？"

"哦，那是我的教堂（shul），"戈德堡自豪地回答道。"我自己建的。"

"那么那边的小屋又是什么呢？"

"那个教堂（shul）？我会在那死去，这样就不会有人发现了！"

Goldberg is shipwrecked and washes up on a desert island, where he is the only survivor. He spends many years alone on the island until one day a passing cruise ship spots his smoke signals and sends a boat ashore to rescue him. His rescuer is curious and asks, 'What is that hut over there?'

'Oh, that is my shul,' Goldberg replies proudly. 'I built it myself.'

'And what about that hut over there, then?'

'That? That is the shul that I wouldn't be seen dead in!'

笑话中的"shul"是不合规的教堂的意思，这个笑话也有威尔士语版本。这个笑话最初是否是犹太笑话并不重要，它所讽刺的对象显然不只是犹太人。即便如此，是否还有其他宗教如此执着于解释圣经律法，或执着于给圣经律法增加挑战性？下面以犹太人的饮食法为例：

神：你不可以用山羊的奶烹煮小山羊。这很残忍。
拉比（犹太教法学家）：那么，奶制品和肉食永远不可搭配食用。
神：你不可以用山羊的奶烹煮小山羊。
拉比：我们必须使用分开的餐盘来盛放奶制品和肉食。
神：你不可以用山羊的奶烹煮小山羊。
拉比：如果错用了盘子，必须将它埋在地下六周。
神：好吧，随你的便！

God: Thou shalt not stew the kid in its mother's milk. It's cruel.

Rabbi: Milk must never be eaten with meat, then.

God: Thou shalt not stew the kid in its mother's milk.

Rabbi: We must use separate plates for milk and

for meat.

God: Thou shall not stew the kid in its mother's milk.

Rabbi: If the wrong plate is used, it must be buried in the ground for six weeks.

God: Oh, please yourself!

哲学家泰德·科恩（Ted Cohen）认为，圣经研究和释经的传统创造了犹太人幽默感的文化沃土。我父亲晚年时每天都要研读的《桑西诺·丘马什》（*Soncino Chumash*）是《摩西五经》的另一个版本，是一个用脚注、注释、论证和编辑润饰的版本，篇幅远远超过了《摩西五经》的核心内容。然而，与长达6200页的《巴比伦塔木德经》相比，《桑西诺·丘马什》仅仅是一个袖珍版。

对《圣经》解释的宗教痴迷是如何成为幽默的来源的？伦纳德·科恩（Leonard Cohen）的经纪人偷走了他所有的退休储蓄，他在复出巡演中的一句调侃中给了我们一个线索：

（最后一次巡演时），60岁时，我只是一个有着疯狂梦想的孩子。从那时起，我服用了大量的百忧解、帕罗西汀、安非他酮、文拉法辛、哌甲酯……我还深入研究了哲学和宗教，我更加感到快乐。

I was 60 years old [when last on tour] — just a

kid with a crazy dream. Since then I've taken a lot of Prozac, Paxil, Wellbutrin, Effexor, Ritalin, Focalin ... I've also studied deeply in the philosophies and religions, but cheerfulness kept breaking through.'

当生活糟糕透顶，而你穷困潦倒时，你是笑，还是哭？可能两者皆会。

如果泰德·科恩认为《旧约》是犹太人幽默的起源是对的，那么其中的笑点就少得可怜了。[24]亚伯拉罕和撒拉给他们的儿子取名为以撒，在希伯来语中的意思是笑声，但也仅此而已。这个笑话似乎是说以撒出生时，他的父亲100岁，母亲90岁。但这并不是什么有趣的笑话，尤其是对可怜的撒拉来说。

如果犹太人的幽默不是起源于《圣经》，那它从何而来？一个更有可能的情况是，它是外来者的幽默。正如汤姆·莱勒（Tom Lehrer）在他的歌曲《全国兄弟会周》（*National Brotherhood Week*）中所说的那样。

犹太人的幽默往往是自嘲式的，这也许是其非主流人士身份的另一个证据。格劳乔·马克斯用一个关于非主流人士的终极笑话表达了这一点："我不屑于加入任何有我加入的俱乐部。"犹太人，即使是像格劳乔·马克斯这样的名人，也被排除在乡村俱乐部之外。格劳乔·马克斯的小儿子想去一家乡村俱乐部游泳，却被拒绝入会。格劳乔·马克斯写信询问俱乐部，既然他的儿子只有一半犹太血统，是否可以允许他进入俱乐部的水只到腰部的游泳池？[25]

相比之下，奥斯卡·王尔德（Oscar Wilde）在海关检查时说："我没有什么要申报的，除了我的天资。"亚历山大·仲马在一次政客晚宴上说："如果我本人不在场，我会很无聊。"王尔德是性少数者，亚历山大·仲马有黑人血统，但两人都备受赞誉。两人中既有非主流人士，更有犹太非主流人士。

"犹太人击沉了泰坦尼克号，你听说了吗？"

"是犹太人吗？我以为是冰山。"

"不管是冰山还是戈德堡、罗森伯格——都是一回事。"

"Did you hear that Jews sank the Titanic?"

"The Jews? I thought it was an iceberg."

"Iceberg, Goldberg, Rosenberg — they're all the same."

犹太人和其他外来者的区别在于阴谋论。

1935 年，拉比阿尔特曼和他的秘书坐在柏林一家咖啡馆里。

"阿尔特曼先生，"他的秘书说，"我注意到你在读反犹报刊《冲锋队员》！这是纳粹的诽谤单。难道你是受虐狂吗？"

"恰恰相反，爱波斯坦夫人。我以前读犹太报纸时，里面全是关于大屠杀、巴勒斯坦的暴乱和美国人背弃信仰等一系列令人沮丧的消息。但现在我读《冲锋队员》，我看到我们犹太人控制了所有的银行，主宰了艺术和科学，并即将接管整个世界，我感觉好多了。"

Rabbi Altmann and his secretary were sitting in a Berlin coffee house in 1935.

'Herr Altmann,' said his secretary, 'I notice that you are reading *Der Stürmer*! A Nazi libel sheet. Are you some kind of masochist?'

'On the contrary, Frau Epstein. When I used to read the Jewish newspapers, they were full of depressing news about pogroms, riots in Palestine, and people leaving the faith in America. But now I read *Der Stürmer*, I see that we Jews control all the banks, dominate the arts and sciences, and are on the verge of taking over the entire world, and I feel so much better.'

毫无疑问，这就是犹太人和幽默最接近的时候。作为犹太人，必须同时适应两个极端的对立面——既要被选择，又要被刁难。忍受和解决这种不协调会产生幽默感。

拿以色列来检验这一假设。一方面，你可能会认为犹太国家是犹太笑话的典型来源国。然而，由于以色列居住的是犹太人而非外来者，因此具有讽刺意味的是，它可能是最不适合寻找具有犹太幽默特色的地方。以下是以色列不需用幽默来自嘲，展现自信的最终证明：

　　1985年，以色列的经济不景气。议会召开特别会议，讨论如何应对。经过数小时的辩论，一位议员站起来说："大家安静，我有办法了，可以解决我们所有问题的办法。"

　　"什么办法？"议会发言人问道。

　　"我们将向美国宣战。"

　　"你疯了！这太疯狂了。你疯了吗？"

　　"等等，先听我说完。我们宣战，并输掉战争。然后美国会像每次打败一个国家时经常做的那样，对该战败国进行投资，就像马歇尔计划那样。我们就会得到新的道路、机场、码头、学校、医院、工厂，甚至还有粮食援助。我们的问题便会迎刃而解了。"

　　"当然，"另一个议员说，"前提是我们得输。"

　　It is 1985. Israel's economy is in bad shape and the Knesset holds a special session to discuss what to do. After hours of debate, one member stands up and says, 'Quiet, everyone, I've got it, the solution to all our problems.'

　　'What?' inquires the Knesset's Speaker.

　　'We'll declare war on the United States.'

　　'You're nuts! That's crazy! What, are you mad?'

'Wait, hear me out. We declare war and we lose. The United States then does what she always does when she defeats a country and invests, like with the Marshall Plan. We'll get new roads, airports, docks, schools, hospitals, factories, and even food aid. Our problems will be over.'

'Sure,' says another member, 'if we lose.'

在大多数情况下，以色列的笑话并不是明显的犹太笑话，而是与其他地方的笑话相同。毕竟，在许多国家都有关于以色列政治家大卫·李维愚蠢事迹的笑话的不同版本。在以色列，这个笑话具有政治性，而不是犹太性。美国权威人士、犹太幽默的伟大诠释者——拉比约瑟夫·特鲁什金（Joseph Telushkin）曾写道："以色列并没有创造出大量的幽默，而且现有的大部分幽默对非以色列人来说并不是很有趣的。因为当权者能够直接处理各类问题，因此以色列人不需要满足于犀利的贬低或俏皮话。"**26**

以色列的例子支持了这样一个假设，即散居国外的犹太人的幽默是外来者的幽默。另一位研究犹太幽默的作家德沃拉·鲍姆（Devorah Baum）指出**27**，在以色列，非主流人士的角色已经转移到了巴勒斯坦人身上。

犹太人的幽默展示了一些重要且更普遍适用的笑话文化。犹太幽默包含两个不同的元素——一个是附属于社会功能的特定文化元素，另一个是颠覆性元素。犹太幽默的附属元素反映了犹太教的文化和宗教特性，例如关于饮食法则的笑话。这些细节存在于所有关于文化的笑话中。例如，在听力障碍人士群体中，有许多关于人工耳蜗的笑话，听力正常的人没有这方面的体验，就无法感受这类笑话。听力障碍人士用手语讲的笑话通常包含双关语的手势——相当于同音字的视觉效果。[28]犹太幽默相当于意第绪语中的双关笑话。

犹太幽默中的第二个元素，具有颠覆性的社会功能，反映了散居在外的犹太人的非主流人士地位。听力障碍人士也是非主流人士，他们甚至会分享一些相同的笑话，比如这个：

> 一个天主教牧师去理发店。理完发之后，理发师说："神父，作为一名虔诚的天主教徒，我当然不会向您收取理发费用。"于是神父离开了，回来时带了一串念珠给理发师作为礼物。
>
> 一位英国圣公会的牧师也去找了这位理发师，理发师再次免费为这位宗教人士理发。英国圣公会牧师回来时给了理发师一盒巧克力。
>
> 最后，一位拉比去理发。理发师说："拉比，我尊重所有信奉上帝的人，所以这次理发我不收钱。"这个拉比离开后，带着另一个拉比回来了。
>
> A Catholic priest goes to the barber's. When he is finished, the barber says, 'As a good Catholic myself,

of course I'm not going to charge you for the haircut, Father.' The priest goes away and returns with the gift of a rosary for the barber.

An Anglican priest goes to the same barber, who again cuts the religious man's hair for free. The Anglican returns with a box of chocolates that he gives to the barber.

Finally, a Rabbi goes for a haircut. The barber says, 'Rabbi, I respect all men of God, so I am not going to charge you for this haircut.' The Rabbi goes away and returns with another Rabbi.

在这个笑话的听力障碍人士版本中，理发店的前两个访客是一个坐轮椅的人和一个盲人。两人回来时都给理发师带了礼物，但在听力障碍人士得到免费理发后，他带着所有的朋友回来了。这个笑话对他们来说既具有亲和力又具有颠覆性，因为他们不仅知道在群体中要保持分享好物的习惯，也明白他们能得到健康人的帮助是多么难得。[29]

笑的不同社会功能在不同的笑话文化之间有多大差异？笑的回报功能是所有幽默的共同点，研究表明，笑会增强人们的归属感。因此，这些功能是所有笑话文化的基础，而不是它们之间的区别。这使得支配权和颠覆性的社会功能成为定义笑话文化的重中之重。将此应用于犹太幽默：散居地幽默和以色列幽默都源于犹太人，但前者属于外来者，具有颠覆性，而后者不具有颠覆性，这就是它们不同的原因。

另一个结论是，由于以色列是一个古老民族的年轻后裔，以色列幽默和犹太幽默之间的差异表明，笑话文化可以随着环境变化而迅速改变。

犹太人的幽默是丰富和亲切的，但与同样古老的中国文化相比，又如何呢？当然有与此相关的犹太笑话：

山姆·科恩在他们最喜欢的中餐馆招待与他同姓的好友山姆·陈，庆祝中国新年。陈说："我们的日历已经有4600多年的历史了。"

科恩说："没什么大不了的，我们的希伯来日历已经有5700多年的历史。"

"真的吗？那你在前一千年里吃什么？"

Sam Cohen greets his buddy and near namesake Sam Chen at their favourite Chinese restaurant to celebrate Chinese New Year. 'Our calendar is more than 4,600 years old, you know,' says Chen.

'No big deal,' says Cohen, 'Our Hebrew calendar is more than 5,700 years old.'

'Really? What did you eat for the first thousand years?'

一对中国夫妇刚刚在纽约的一家犹太餐厅用餐。"犹太人的食物都很好吃，"一个人对另一个人说，"但三天后你又会觉得饿了。"

A Chinese couple have just dined in a Jewish restaurant in New York. 'Jewish food is all very well,' says one to the other, 'but after three days you feel hungry again.'

差异如此之大，但也有相似之处。中国文化特别偏爱自嘲型幽默和附和型幽默。在中国台湾地区，陈玉珍和她的同事使用 fMRI 来观察志愿者的大脑对一系列笑话的反应，这些笑话的不同之处仅在于笑话的主角是讲笑话的人本身（自嘲型）还是另一个人（攻击型），或者是奉承听笑话的人（附和型）还是讲笑话的人（自我吹捧型）[30] 例如，有一组笑话是：

"如果把我的每个崇拜者比喻成是一缕头发的话，那我就是个秃子。"（自嘲型）
"如果把你的每个崇拜者比喻成是一缕头发的话，那你就是个秃子。"（攻击型）
"如果把你的每个崇拜者比喻成是一缕头发的话，那你就需要两个头。"（附和型）
"如果把我的每个崇拜者比喻成是一缕头发的话，那我就需要两个头。"（自我吹捧型）

'If each of my admirers were a strand of hair, I would be bald.' (Self-deprecating)

'If each of your admirers were a strand of hair, you would be bald.' (Aggressive)

'If each of your admirers were a strand of hair, you would need two heads.' (Affiliative)

'If each of my admirers were a strand of hair, I would need two heads.' (Self-aggrandising)

当然，你可以直接问人们觉得哪个笑话最有趣，这项研究中的志愿者确实认为这些笑话都很有趣。但fMRI给出了一个更客观的结论，通过扫描可以比较志愿者对不同笑话的反应情况。结果显示，与攻击型幽默或自我吹捧型幽默相比，该研究的中国受试者更偏爱自嘲型幽默和附和型幽默。至于笑话的主角是讲者还是听者不重要，更重要的是，该笑话是否具有附和性/自嘲性。

人们对攻击型幽默的反应因文化而异。例如，一项研究比较了中国台湾人和瑞士讲德语的人对幽默的态度，发现中国台湾人比瑞士讲德语的人更害怕被嘲笑。[31] 众所周知，瑞士人在他们的核掩体中会笑到最后：

全球核战争之后，谁能幸存下来？只有蟑螂和瑞士人。

Who will be left after a global nuclear war? Just cockroaches and the Swiss.

克里斯蒂·戴维斯（Christie Davies）表示，相比于更重视个人主义的西方社会，在中国和日本这样的国家中，人们更害怕丢面子，这反映在人们恐惧成为他人的笑柄上。也许事实是这样，但权威在任何地方都无法逃脱人们的嘲笑，而且可能永远也不会。

在 18 世纪的日本，一位笔名为唐井川柳（Karai Senryū）的诗人创造了一种名为"川柳"（Senryū）的滑稽俳句诗。他发起了一场公开比赛，征集以俳句形式创作的最佳幽默作品（俳句由 17 个音节组成，以 5-7-5 的模式分成三行）。在 1767 年举行的比赛中，参赛者一共提交了 14 万首"川柳"俳句，简直令人难以置信。获奖的俳句被编入选集，其中包括对贪污的评论等例子：[32]

> 官家子弟
> 非常擅长学习
> 如何贪污。
> The civil servant's baby
> Is very good at learning
> How to grasp

还有这个附和型的"川柳"俳句，指的是一个男人的社会义务——即使他和同伴们在一起时不喝酒，也要陪着他们一起笑：

171

不喝酒的人

时不时地笑一笑

就足够了。

The bloke not drinking,

Laughs now and then.

That's all.

我想说的是，无论国家之间的文化差异如何，都很难摆脱这样的结论，即世界各地的人们都在利用笑话——有时甚至是同一个笑话——来削弱权威，并通过媒介来反击压迫，无论这些媒介是"川柳"俳句、表情包、漫画还是涂鸦。当考虑到笑的四种社会功能时，不同文化之间的差异似乎比基本的相似之处要小，也不那么持久。

在讨论本书的150多个笑话之前，我曾提出这样的问题："笑有什么好处？"这个问题可以有多个答案。我们看到，当一个社会学家提出这个问题时，他是想知道笑声在社会中的作用。笑是一种生物学特征，由此产生的回报感和社会归属感也是一种生物特征，因此我把这个问题作为一个进化问题来探讨。这就要从一个根本问题说起，"笑为什么会存在？"你可以称这是一种达尔文式的研究笑的方法，因为达尔文本人也思考过这个问题。达尔文的解释不仅要了解生物特征如何通过自然选择进化而来，还要了解具体的进化途径。我们已经看到，笑声很可能是在数千万年前从一种游戏发声方式进化而来的。在此之前，最初成为游戏发声的笑声可能是一种解除警报的安全信号。

在我们近期进化史上的某个时刻，幽默成为游戏发声的触发因素，我们开始对良性的不协调现象发笑。最后一句话应该写在10米高的霓虹灯上，因为它代表了地球上一些最聪明的人的智慧结晶。如果亚里士多德今天还活着，他可能会带领一众哲学家们高呼"我早就告诉过你"，但不同的是，如今我们有证据证明这一切是如何发生的。

你会记得，问题不在于我们嘲笑错误和不协调，而在于我们只嘲笑微不足道的错误和不协调。我们拥有巨大的大脑，它帮助我们渡过了18万年前非洲的一场灾难，这场灾难使人类这一物种濒临灭绝，现在大脑正推动我们走向全球100亿人口，那我们额叶皮层中的超级计算机能做什么呢？开个玩笑。事实证明，这并不是悖论（虽然看起来像），因为幽默是智力的证明。让我重复一下第六章的结论：笑不是为了生存而是为了吸引，不是为了防御而是为了展示。性选择是关键：幽默证明你有求爱的智慧。

莉莉·汤姆林（Lily Tomlin）说的这句话配得上作为本书的结尾，因为她说得很到位：

与其为适者生存而努力，不如为最强大脑的生存而努力——那样我们都可以笑着死去。[33]

致谢

我要感谢里萨·德拉帕斯（Rissa de laPaz），在书稿的每个进展阶段，她都给予了毫不妥协的批评意见。我还要深深致谢精通幽默和哲学的阿德里安·摩尔（Adrian Moore）教授和进化心理学专家丹尼尔·内特尔（Daniel Nettle）教授，他们花费了大量时间阅读整本书。同时感谢爱丁堡"比小说更奇特"小组的朋友和作家同行们，他们在本书还只是初稿时，提供了宝贵的意见和鼓励，他们是：文·阿特黑（Vin Arthey）、雷切尔·布兰奇（Rachel Blanche）、玛丽亚·张伯伦（Maria Chamberlain）、乔治·戴维森（George Davidson）、默里·厄尔（Murray Earle）、亚历克斯·欧文·希尔（Alex Owen Hill）、加斯里·斯图尔特（Guthrie Stewart）和安妮·韦尔曼（Anne Wellman）。此外，埃莉诺·伯恩（Eleanor Birne）和菲利普·格温·琼斯（Philip Gwyn Jones）对终稿提出了有益的建议，而莫莉·斯莱特（Molly Slight）在出版过程中给予了指导。

注释

Chapter One: Comedy and Error

1   Bate,J. & Rasmussen,E. (2007), eds. *The RSC Shakespeare: the complete works*. Basingstoke: Palgrave Macmillan.

2   Provine, R.R. (2001). *Laughter: A scientific investigation*. London: Penguin Books.

3   Aristotle, The Poetics. Translated by S.H.Butcher. Project Gutenberg. https://www.gutenberg.org/files/1974/1974-h/1974-h.htm [Accessed 28 December 2018].

4   Ghose, I. (2008). *Shakespeare and laughter: A cultural history*. Manchester: Manchester University Press.

5   Raskin,V. (2008). Theory of humor and practice of humor research: editor's notes and thoughts. In V. Raskin, ed. *The Primer of Humor Research*. Berlin and Boston, ma: De Gruyter, Inc.

6   McGhee, P.E. and Goldstein,J.H. (1983). *Handbook of humor research. volume 1: basic issues*. Berlin: Springer-Verlag.

7   Dupont, S., et al. (2016). Laughter research: A review of the ILHAIRE Project. In A. Esposito and L. C. Jain, eds. *Toward robotic socially believable behaving systems, Vol I: Modeling emotions*. Intelligent Systems Reference Library 105. New York, ny: Springer Publishing. pp.147-81.

8   Ken Dodd, *Night waves*, BBC Radio 3.First broadcast June 2012.

9   Provine. *Laughter*, op. cit.

10   Ekman. P. (1999) ed. *Charles Darwin: The expression of the emotions in man and animals.* London: Fontana Press.

11   Barry, J.M., Blank,B. & Boileau,M. (1980). Nocturnal penile tumescence monitoring with stamps. *Urology*, 15, 171-172.

12   Weems,S. (2014). *Ha!: The science of when we laugh and why.* New York, ny: Basic Books.

Chapter Two: Humour and Mind

1   Sherrin, N. (2005). *Oxford dictionary of humorous quotations.* Oxford: Oxford University Press.

2   Carr, J. & Greeves, L. (2007). *The naked jape: uncovering the hidden world of jokes.* London: Penguin Books.

3   Saxe,J.G. (1876) *Poems.* Boston, ma: J.R. Osgood and Co.

4   https://tickets.edfringe.com/whats-on#fq=venue_name% 3A% 22Pleasance% 20Courtyard% 22&fq=-category% 3A(% 22Comedy% 22)&fq=subcatego-ries% 3A(% 22Satire% 22)&q=*% 3A* [Accessed 28 December 2018].

5   Aristotle, *The poetics.* Translated by S.H. Butcher. Project Gutenberg. https://www.gutenberg.org/files/1974/1974-h/1974-h.htm [Accessed 28 December 2018].

6   Crompton,D. (2013).*A funny thing happened on the way to the forum: The world's oldest joke book.* London: Michael O'Mara.

7   Hobbes, T. (1840). *Human Nature.* London: Bohn.

8   Hurley, M.M., Dennett,D.C. & Adams,R.B. (2011). *Inside jokes: using humor to reverse-engineer the mind.* Cambridge, ma: MIT Press.

9   Rebecca West, quoted in Sherrin. *Humorous quotations.*op.cit.

10   Jarski, R. (2004). *The funniest thing you never said: The ultimate collection of humorous quotations.* London: Ebury Press.

11   Quoted in: Hurley, Dennett & Adams. *Inside Jokes.* op.cit.

12 Greengross, G., Martin, R. A. & Miller, G. (2012). Personality traits, intelligence, humor styles, and humor production ability of professional stand-up comedians compared to college students. *Psychology of Aesthetics Creativity and the Arts*, 6, 74-82.

13 Arnott,S. & Haskins, M. (2004). *Man walks into a bar: The ultimate collection of jokes and one-liners.* London: Ebury Press.

14 Told by Richard Wiseman, University of Hertfordshire, to *The Observer*, 29 December 2013 (p.23).

15 Hurley, Dennett & Adams. *Inside jokes.* op. cit.

16 'One morning I shot an elephant in my pyjamas' Groucho Marx, Animal Crackers (1930).

17 https: //www. chortle. co. uk/news/2014/04/03/19917/tim_vine_ retakes_most_ jokes_in_an_hour_record [Ac-cessed 14 July 2019].

18 Vine, T. (2010). *The Biggest Ever Tim Vine Joke Book.* London: Cornerstone.

19 Ekman. P. (1999) ed. *Charles darwin: The expression of the emotions in man and animals.* London: Fontana Press.

20 Attardo, S. (2008). A primer for the linguistics of hu-mour. In V. Raskin, ed. *The primer of humor research.* Berlin & Boston, ma: De Gruyter, Inc.; Rapp, A. (1949). A phylogenetic theory of wit and humor.*Journal of Social Psychology*, 30, A81-A96.

21 Kant,I. (1790). *Critique of judgment.* Trans. W.S. Pluhar. (1987) Indianapolis, Indiana: Hackett Publishing Company.

22 Gumbel, A. (2004). Obituary: Professor sidney morgenbesser. *Independent*, London. 6 August 2004.

23 Adamson,J. (1974). *Groucho, Harpo, Chico, and sometimes Zeppo: A history of the Marx brothers and a satire on the rest of the world.* London: Coronet Books.

24 BBCNews (2018). Airline spells own name wrong on plane. https://www.bbc.com/news/world-asia-45572275. [Accessed 14

January 2019].

25   Chan,Y.C. et al. (2013). Towards a neural circuit model of verbal humor processing: An fMRI study of the neural substrates of incongruity detection and resolution. *Neuroimage*, 66, 169-176.

26   Martin,R.A. & Ford,T.E. (2018).The physiological psychology of humor. In Martin,R.A. & Ford,T.E., eds. *The psychology of humor: An integrative approach.* (Second Edition) London: Academic Press; Nakamura, T. et al. (2018). The role of the amygdala in incongruity resolution: the case of humor comprehension. *Social Neuroscience*, 13, 553-565.

Chapter Three: Song and Dance

1   https://youtu.be/nDZZEfrRbdw[Accessed 30 April 2020].

2   https://en.wikipedia.org/wiki/Goldberg_Variations#- Variatio_ 30._a_1_Clav._Quodlibet[Accessed 30 April 2020].

3   Eriksen,A.O. (2016). A taxonomy of humor in instrumental music. *Journal of Musicological Research*, 35, 233-263.10.1080/ 01411896.2016.1193418.

4   Huron, D. (2004). Music-engendered laughter: An analysis of humor devices in PDQBach. In S.D.Lipscombe, R. Ashley, R.O. Gjerdingen & P. Webster, eds. *Proceedings of the 8th International Conference on Music Perception and Cognition*, Evanston, Illinois. pp. 700-704.

5   Hashimoto, T., Hirata,Y. & Kuriki,S. (2000). Auditory cortex responds in 100 ms to incongruity of melody. *Neuroreport*, 11, 2799-2801.

6   Halpern, A. R., et al. (2017). That note sounds wrong!: Age-related effects in processing of musical expectation. *Brain and Cognition*, 113, 1-9.

7   Sutton,R.A. (1997) Humor, mischief, and aesthetics in Javanese

Gamelan music. *Journal of Musicology*, 15, 390-415.

8   Nerhardt, G. (1970). Humor and inclination to laugh — emotional reactions to stimuli of different divergence from a range of expectancy. *Scandinavian Journal of Psychology*, 11, 185-195; Deckers, L. & Kizer, P. (1974). Note on weight discrepancy and humor. *Journal of Psychology*, 86, 309-312.

9   Lieberman, P. (2015). Language did not spring forth 100,000 years ago. *Plos Biology*, 13. 10.1371/journal.pbio.1002064.; Dediu, D. & Levinson, S. C. (2018). Neanderthal language revisited: not only us. *Current Opinion in Behavioral Sciences*, 21, 49-55.

10 Ken Dodd delivering his three-legged chicken joke: https://youtu.be/KuMLHytm_O0 [Accessed 30 April 2020].

11 Gimbel, S. (2018). *Isn't that clever: A philosophical account of humor*. New York and London: Routledge.

12 Hull, R., Tosun, S. & Vaid, J. (2017). What's so funny? Modelling incongruity in humour production. *Cognition & Emotion*, 31, 484-499.

13 Hempelmann, C. F. (2008). Computational humor: Beyond the pun?. In V. Raskin, ed. *The Primer of Humor Research*. Berlin & Boston, ma: De Gruyter, Inc.

14 Strapparava, C., Stock, O. & Mihalcea, R. (2011) computational humour. Emotion-oriented systems: Cognitive technologies (eds. P. Petta, C. Pelachaud & R. Cowie), pp.609-634. Springer-Verlag, Berlin & Heidelberg.

15 https://inews.co.uk/culture/100-best-jokes-one-liners-edinburgh-fringe/[Accessed 27 April 2019].

16 Hempelmann, C. F. (2008). Computational humor: Beyond the pun?. In Raskin, *Primer*, op. cit.

17 These are from http://joking.abdn.ac.uk/jokebook.shtml. [Accessed 11 February 2019].

18   Brooke-Taylor, T., et al. (2017). *The complete uxbridge english dictionary*. London: Windmill Books.

19   https://en.wikiquote.org/wiki/Sidney_Morgenbesser.[Accessed 27 April 2019]

20   Gumbel, A. (2004). Obituary: Professor sidney morgenbesser. *Independent*, London. 6 August 2004.

21   Hurley, M.M., Dennett,D.C. & Adams,R.B. (2011). *Inside jokes: using humor to reverse-engineer the mind*. Cambridge, ma: MIT Press.

22   Sherrin, N. (2005). *Oxford dictionary of humorous quotations*. Oxford: Oxford University Press.

23   McCrae, R.R. & John,O.P. (1992). An introduction to the 5-factor model and its applications. *Journal of Personality*, 60, 175-215.

24   Berger, P., et al. (2018). Personality modulates amygdala and insula connectivity during humor appreciation: An event-related fMRI study. *Social Neuroscience*, 13, 756-768.

25   Martin,R.A. & Ford,T.E. (2018).The personality psychology of humor. In R. A. Martin & T. E. Ford, eds. *The psychology of humor*. Second Edition. London: Academic Press. pp. 99-140.

26   Schweizer, B. & Ott,K.H. (2016). Faith and laughter: Do atheists and practicing Christians have different senses of humor? *Humor-International Journal of Humor Research*, 29, 413-438; Wiseman,R. (2008). *Quirkology: The curious science of everyday lives*. London: Pan Books.

27   Gabora,L. & Kitto, K. (2017). Toward a quantum theory of humor. *Frontiers in Physics*, 4, Article#53.

Chapter Four: Tickle and Play

1   Darwin,C. (1999) *Charles Darwin: The expression of the emo-*

tions in man and animals. (ed. P. Ekman). London: Fontana
Press.

2   Davila-Ross, M., Owren, M. J. & Zimmermann, E. (2014). The
     evolution of laughter in great apes and humans. *Communicative
     & Integrative Biology*, 3, 191-194.

3   Bard, K.A., et al. (2014). Gestures and social-emotional commu-
     nicative development in chimpanzee infants. *American Journal
     of Primatology*, 76, 14-29.

4   Bryant, G.A. & Aktipis, C.A. (2014). The animal nature of sponta-
     neous human laughter. *Evolution and Human Behavior*, 35,
     327-335.

5   Lavan, N., et al. (2018). Impoverished encoding of speaker iden-
     tity in spontaneous laughter. *Evolution and Human Behavior*,
     39, 139-145.

6   Maynard Smith, J. & Harper, D. (2003). *Animal signals.* Oxford:
     Oxford University Press.

7   Ramachandran, V.S. (1998). The neurology and evolution of hu-
     mor, laughter, and smiling: the false alarm theory. *Medical Hy-
     potheses*, 51, 351-354.

8   Darwin, C. *The expression of the emotions*, op. cit.

9   Quoted in: Harris, C.R. (1999). The mystery of ticklish laughter.
     American Scientist, 87, 344-351.

10   Blakemore, S. -J., Frith, C. D. & Wolpert, D. M. (1999). Spatio-
     temporal prediction modulates the perception of self-produced
     stimuli. *Journal of Cognitive Neuroscience*, 11, 551.

11   Blakemore, S. J., et al. (2000). The perception of self-produced
     sensory stimuli inpatients with auditory hallucinations and pas-
     sivity experiences: Evidence for a breakdown in self-monitoring.
     Psychological Medicine, 30, 1131-1139.

12   Gary Shandling, quoted in Jarski, R. (2004). *The funniest thing*

you never said: The ultimate collection of humorous quotations. London: Ebury Press.

13   Provine, R. R. (2001). *Laughter: A scientific investigation*. London: Penguin.

14   Wöhr, M. (2018). Ultrasonic communication in rats: Appetitive 50-kHz ultrasonic vocalizations as social contact calls. *Behavioral Ecology and Sociobiology*, 72. DOI: 10.1007/s00265-017-2427-9.

15   Martin, R.A. & Ford, T.E. (2018). The physiological psychology of humor. In R.A. Martin, & T.E. Ford, eds. *The psychology of humor: An integrative approach*. Second Edition. London: Academic Press. pp. 174-204. Watch a video of rats laughing here: https://youtu.be/j-admRGFVNM.

16   Reinhold, A. S., J. I. Sanguinetti-Scheck, K. Hartmann and M. Brecht (2019). Behavioural and neural correlates of hide-and-seek in rats. *Science*, 365, (6458): 1180-1183.

17   Carr, J. & Greeves, L. (2007). *The naked jape: uncovering the hidden world of jokes*. London: Penguin.

18   Caeiro, C., Guo, K. & Mills, D. (2017). Dogs and humans respond to emotionally competent stimuli by producing different facial actions. *Scientific Reports*, 7. 10.1038/s41598-017-15091-4.

19   Wang, K. (2018). Quantitative and functional post-trans-lational modification proteomics reveals that TREPH1 plays a role in plant touch-delayed bolting. *Proceedings of the National Academy of Sciences of the United States of America*, 115, E10265-E10274.

20   Weisfeld, G. E. (1993). The adaptive value of humor and laughter. *Ethology and Sociobiology*, 14, 141-169.

21   Silvertown, J. W. (2017). *Dinner with Darwin: food, drink, and evolution*. Chicago, il: University of Chicago Press.

22 Gold, K. C. & Watson, L. M. (2018). In memoriam: Koko, a re-markable gorilla. *American Journal of Primatology*, 80. e22930.

23 Koko the Gorilla meets Robin Williams. https://youtu.be/vOVS9zotSqM. [Accessed 9 March 2019].

24 McGhee, P. (2018). Chimpanzee and gorilla humor: Progressive emergence from origins in the wild to captivity to sign language learning. *Humour*, 31, 405-449. All the Koko information in this section come from this source unless cited otherwise.

25 Roberts,M. (2018). How Koko the gorilla spoke to us. *Washington Post*. 21 June 2018.

26 Mirsky, S. (1998). Gorilla in our midst [Excerpts from & ironic interpretation of online conversation with Koko the gorilla]. *Scientific American*, 279, 28.

27 Hobaiter, C. & Byrne, R.W. (2014). The meanings of chimpanzee gestures. *Current Biology*, 24, 1596-1600.

28 Kühl,H.S. et al. (2019). Human impact erodes chim- panzee behavioral diversity. *Science*, 363, 1453-1455.

29 Time Tree of Life: http://www.timetree.org/[Accessed 9 March 2019]; Besenbacher, S., et. al. (2019). Direct estimation of mutations in great apes reconciles phylo-genetic dating. *Nature Ecology & Evolution*, 3, 286-292. 10.1038/s41559-018-0778-x.

30 Dunbar, R.I.M. (2012). Bridging the bonding gap: The transition from primates to humans. *Philosophical Transactions of the Royal Society B-Biological Sciences*, 367, 1837-1846. 10.1098/rstb.2011.0217.

31 Manninen,S., et al. (2017). Social laughter triggers endogenous opioid release in humans. *Journal of Neuroscience*, 37, 6125-6131.

Chapter Five: Smile and Wave

1 LaFrance, M. (2013). *Why smile?: The science behindfacial ex-*

pressions. New York, ny: W.W. Norton.

2   Rychlowska,M., Jack,R.E., Garrod,O.G.B., Schyns, P.G., Martin, J. D. & Niedenthal, P. M. (2017). Functional smiles: Tools for love, sympathy, and war. *Psychological Science*, 28, 1259-1270. 10.1177_0956797617706082.

3   Ruiz-Belda,M.A., Fernandez-Dols,J.M., Carrera,P. & Barchard, K. (2003). Spontaneous facial expressions of happy bowlers and soccer fans. *Cognition & Emotion*, 17, 315-326; Crivelli, C. & Fridlund,A.J. (2018). Facial displays are tools for social influence. *Trends in Cognitive Sciences*, 22, 388-399.

4   Owren,M.J. & Bachorowski,J.A. (2001).The evolution of emotional expression: A 'selfish-gene' account of smiling and laughter in early hominids and humans. In T. J. Mayne & G. A. Bonanno, eds. *Emotions: Current issues and future directions*. New York: Guilford Press. pp.152-191.; Ramachandran,V.S. (1998). The neurology and evolution of humor, laughter, and smiling: The false alarm theory. *Medical Hypotheses*, 51, 351-354.

5   Martin, J., Rychlowska, M., Wood, A. & Niedenthal, P. (2017), Smiles as multipurpose social signals. *Trends in Cognitive Sciences*, 21, 864-877.

Chapter Six: Laughter and Sex

1   Hurley, M.M., Dennett,D. C. & Adams,R.B. (2011). *Inside jokes: Using humor to reverse-engineer the mind*. Cambridge, ma: MIT Press.

2   Greengross, G. & Mankoff, R. (2012). Book review: Inside 'inside jokes': The hidden side of humor. *Evolutionary Psychology*, 10, DOI:10.1177/14747049120 1000305.

3   Miller, G. (2001). *The mating mind: How sexual choice shaped the evolution of human nature*. London: Vintage Books.

4   Darwin, C. (1901). *The descent of man, and selection in relation to sex*. London: J. Murray.

5   Puts, D. (2016). Human sexual selection. *Current Opinion in Psychology*, 7, 28-32.

6   Dorothy Parker quotes are from Sherrin, N. (2005). *Oxford dictionary of humorous quotations*. Oxford: Oxford University Press. pp.229, 295.

7   Jones, T. and Palin, M. (1983). 'Every sperm is sacred', from the film Monty Python's *The Meaning of Life*. https://youtu.be/fUspLVStPbk.

8   Jarski, R. (2004). *The funniest thing you never said: The ultimate collection of humorous quotations*. London: Ebury Press. p.419.

9   Loyau, A., Petrie, M., Saint Jalme, M. & Sorci, G. (2008). Do peahens not prefer peacocks with more elaborate trains?. *Animal Behaviour*, 76, E5-E9.

10   Takahashi, M., et al. (2008). Peahens do not prefer peacocks with more elaborate trains. *Animal Behaviour*, 75, 1209-1219; Dakin, R. & Montgomerie, R. (2011). Peahens prefer peacocks displaying more eyespots, but rarely. *Animal Behaviour*, 82, 21-28; Loyau, A., et al. (2008). Do peahens not prefer peacocks with more elaborate trains?. *Animal Behaviour*, 76, E5-E9.

11   Buss, D. M. & Schmitt, D. P. (2019). Mate preferences and their behavioral manifestations. *Annual Review of Psychology*, 70, 77-110.

12   Plomin, R., et al. (2016). Top 10 replicated findings from behavioral genetics. *Perspectives on Psychological Science*, 11, 3-23; Devlin, B., Daniels, M. & Roeder, K. (1997). The heritability of IQ. *Nature*, 388, 468-471.

13   Feldman, M. W. & Ramachandran, S. (2018). Missing compared

to what? Revisiting heritability, genes and culture. *Philosophical Transactions of the Royal Society B-Biological Sciences*, 373. 20170064.

14 Hills, T. & Hertwig, R. (2011). Why aren't we smarter already: Evolutionary trade-offs and cognitive enhancements. *Current Directions in Psychological Science*, 20, 373-377.

15 Ruch, W. (2008). Psychology of Humor. In: V. Raskin, ed. *The primer of humor research*. Berlin & Boston, ma: De Gruyter, Inc.; Vernon, P. A., et al. (2008). Genetic and environmental contributions to humor styles: A replication study. *Twin Research and Human Genetics*, 11, 44-7; Baughman, H. M., et al. (2012). A behavioral genetic study of humor styles in an Australian sample. *Twin Research and Human Genetics*, 15, 663-667.

16 Greengross, G. & Miller, G. (2011). Humor ability reveals intelligence, predicts mating success, and is higher in males. *Intelligence*, 39, 188-192; Christensen, A. P., et al. (2018). Clever people: Intelligence and humor production ability. *Psychology of Aesthetics Creativity and the Arts*, 12, 136-143; Jonason, P. K. et al. (2019). Is smart sexy? Examining the role of relative intelligence inmate preferences. *Personality and Individual Differences*, 139, 53-59.

17 Henrich, J., Heine, S. J. & Norenzayan, A. (2010). The weirdest people in the world?. *Behavioral and Brain Sciences*, 33, 61-83.

18 Greengross, G. & Miller, G. (2011). Humor ability reveals intelligence, predicts mating success, and is higher in males. *Intelligence*, 39, 188-192.

19 Gueguen, N. (2010). Men's sense of humor and women's responses to courtship solicitations: An experimental field study. *Psychological Reports*, 107, 145-156.

20 Wilbur, C.J. & Campbell, L. (2011). Humor in romantic contexts:

Do men participate and women evaluate?. *Personality and Social Psychology Bulletin*, 37, 918-929.

21   Woolf, V. (1945). *A room of one's own*. Harmondsworth: Penguin.

22   Lippa, R. (2007). The preferred traits of mates in a cross-national study of heterosexual and homosexual men and women: An examination of biological and cultural influences. *Archives of Sexual Behavior*, 36, 193-208. 10.1007/s10508-006-9151-2.

23   Hitchens, C. (2007). Why women aren't funny. vanity fair, Vol 49, p. 54; Tosun, S., Faghihi, N. & Vaid, J. (2018). Is an ideal sense of humor gendered?: A cross-national study. *Frontiers in Psychology*, 9, 199. 10.3389/fpsyg.2018.00199.

24   Robinson, D.T. & Smith-Lovin, L. (2001). Getting a laugh: Gender, status, and humor in task discussions. *Social Forces*, 80, 123-158. 10.1353/sof.2001.0085.

25   Stewart-Williams, S. & Thomas, A. G. (2013). The ape that thought it was a peacock: Does evolutionary psychology exaggerate human sex differences? *Psychological Inquiry*, 24, 137-168.

26   Williams, M. & Emich, K.J. (2014). The experience of failed humor: Implications for interpersonal affect regulation. *Journal of Business and Psychology*, 29, 651-668.

27   Bryant, G.A., et. al. (2018). The perception of spon taneous and volitional laughter across 21 societies. *Psychological Science*, 29, 1515-1525.

28   Vettin, J. & Todt, D. (2005). Human laughter, social play, and play vocalizations of non-human primates: An evolutionary approach. *Behaviour*, 142, 217-240.

29   Greengross, G. & Martin, R.A. (2018). Health among humorists: Susceptibility to contagious diseases among improvisational artists. *Humor-International Journal of Humor Research*, 31, 491-505.

30 Rotton,J. (1992).Trait humor and longevity: Do comics have the last laugh?. *Health Psychology*, 11, 262-266; Stewart, S., et al. (2016). Is the last 'man' standing in comedy the least funny?: A retrospective cohort study of elite stand-up comedians versus other entertainers. *International Journal of Cardiology*, 220, 789-793.

31 Papousek,I. (2018). Humor and well-being: A little less is quite enough. *Humor-International Journal of Humor Research*, 31, 311-327.

32 Schneider, M., Voracek,M. & Tran,U.S. (2018). 'A joke a day keeps the doctor away?' Meta-analytical evidence of differential associations of habitual humor styles with mental health. *Scandinavian Journal of Psychology*, 59, 289-300.

33 Dunbar, R.I.M. et al. (2012). Social laughter is correlated with an elevated pain threshold. *Proceedings of the Royal Society B-Biological Sciences*, 279, 1161-1167.

34 Papousek, *Humor and Well-being,* op. cit.

Chapter Seven: Jokes and Culture

1 Wiseman, R. (2002). Laughlab: The scientific search for the world's funniest joke https://richardwiseman.files.wordpress.com/2011/09/ll-final-report.pdf. [Accessed 30 June 2019].

2 Wiseman,R. (2008). *Quirkology: The curious science of everyday lives.* London: Pan Books.

3 Wood,A. & Niedenthal,P. (2018). Developing a social functional account of laughter. *Social and Personality Psychology Compass*, 12.10.1111/spc3.12383.

4 Sign in *The Saracen's Head*, Glasgow.

5 Fraley, B. & Aron,A. (2004). The effect of a shared humorous experience on closeness in initial encounters. *Personal Relation-*

ships, 11, 61-78.

6   Kashdan, T. B., Yarbro, J., McKnight, P. E. & Nezlek, J. B. (2014). Laughter with someone else leads to future social rewards: Temporal change using experience sampling methodology. *Personality and Individual Differences*, 58, 15-19.

7   Fowler, J. H. & Christakis, N. A. (2008). Dynamic spread of happiness in a large social network: Longitudinal analysis over 20 years in the *Framingham Heart Study*. *British Medical Journal*, 337. 10.1136/bmj.a2338.

8   Shalizi, C. R. & Thomas, A. C. (2011). Homophily and contagion are generically confounded in observational social network studies. *Sociological Methods & Research*, 40, 211-239.

9   Kramer, A. D. I., Guillory, J. E. & Hancock, J. T. (2014). Experimental evidence of massive-scale emotional contagion through social networks. *Proceedings of the National Academy of Sciences of the United States of America*, 111, 8788-8790.

10   Kirsch, A. (2007). A poet's warning. *Harvard Magazine*. Nov-Dec 2007. https: //harvardmagazine. com/2007/11/a-poets-warning. html [Accessed 25 May 2019]. Auden reads the whole poem at: https://www.youtube. com/watch?v=JZE_bhSUgG8.

11   Coviello, L., et al. (2014). Detecting emotional contagion in massive social networks. *Plos One*, 9. 10.1371/journal. pone. 0090315; Baylis, P., et al. (2018). Weather impacts expressed sentiment. *Plos One*, 13. 10.1371/journal.pone.0195750.

12   Kross, E., et al. (2019). Does counting emotion words on online social networks provide a window into people's subjective experience of emotion?: A case study on Facebook. *Emotion*, 19, 97-107. 10.1037/emo0000416.

13   Maurin, D., Pacault, C. & Gales, B. (2014). The jokes are vectors of stereotypes: Example [sic] of the medical profession from

220 jokes. *Presse Medicale*, 43, E385-E392.

14 Quoted in Perez,R. (2016). Racist humor: Then and now. *Sociology Compass*, 10, 928-938. 10.1111/soc4.12411.

15 Martin,R.A. & Ford,T.E. (2018). The social psychology of humor. In R.A. Martin & T.E. Ford, eds, *The psychology of humor: An integrative approach.* (Second Edition). London: Academic Press.

16 Thomae, M. & Viki,G.T. (2013). Why did the woman cross the road? The effect of sexist humor on men's rape proclivity. *Journal of Social, Evolutionary, and Cultural Psychology*, 7, 250-269.

17 Saucier, D.A. et al. (2018). 'What do you call a Black guy who flies a plane?': The effects and understanding of disparagement and confrontational racial humor. *Humour*, 31, 105-128.

18 Moalla,A. (2015). Incongruity in the generation and perception of humor on Facebook in the aftermath of the Tunisian revolution. *Journal of Pragmatics*, 75, 44-52.

19 Orwell (1968). Funny but not vulgar. In *The Collected Essays, Journalism and Letters of George Orwell.* New York: Harcourt Brace Jovanovich. Originally published in *The Leader*, 28 July 1945. Cited by Moalla (2015), ibid.

20 Macnab, G. (2011). Rudolph Herzog: punchlines from the abyss. *Guardian.* 25 May 2011. https://www.theguardian.com/books/2011/may/25/rudolph-herzog-dead-funny. [Accessed 30 June 2019].

21 Lewis, B. (2008). *Hammer & tickle: A history of communism told through communist jokes.* London: Weidenfeld & Nicolson.

22 Freud, S. (1905). *Jokes and their relation to the unconscious.* London: Hogarth Press and the Institute of Psycho-analysis.

23 Davies, C. (2002). *The mirth of nations.* New Brunswick, nj: Transaction Publishers.

24 Cohen, T. (1999). *Jokes: Philosophical thoughts on joking matters*. Chicago, il: University of Chicago Press.

25 Telushkin, J. (2002). *Jewish humor: What the best Jewish jokes say about the Jews*. New York: HarperCollins.

26 *Ibid.*

27 Baum, D. (2018). *The Jewish joke: An essay with examples (less essay, more examples)*. London: Profile Books.

28 Sutton-Spence, R. & Napoli, D.J. (2012). Deaf jokes and sign language humor. *Humor*, 25. 10.1515/hu-mor-2012-0016.

29 *Ibid.*

30 Chan, Y.C. et al. (2018). Appreciation of different styles of humor: An fMRI study. *Scientific Reports*, 8. 10.1038/s41598-018-33715-1.

31 Chen, H.-C. *et al.* (2013). Laughing at others and being laughed at in Taiwan. A cross-cultural perspective. In: J.M. Davis & J. Chey, eds. *Humour in Chinese life and culture: resistance and control in modern times*. Hong Kong: Hong Kong University Press. pp.1-15.

32 Kobayashi, M. (2006). Senyrū: Japan's short comic poetry. In J. M. Davis, ed. *Understanding humor in Japan*. Detroit, mi: Wayne State University Press. pp. 153-177.

33 Quoted by: Hurley, M.M., Dennett, D.C. & Adams, R.B. (2011). *Inside jokes: Using humor to reverse-engineer the mind*. Cambridge, ma: MIT Press.

图书在版编目（CIP）数据

笑的进化论/（英）乔纳森·西尔弗顿
（Jonathan Silvertown）著；曾早垒，李豪军，钟涵阳
译. -- 重庆：重庆大学出版社，2024.12. --（认识你
自己）. -- ISBN 978-7-5689-5038-1

Ⅰ. B83-49

中国国家版本馆 CIP 数据核字第 20246HE073 号

笑的进化论

XIAO DE JINHUALUN

[英]乔纳森·西尔弗顿（Jonathan Silvertown） 著

曾早垒 李豪军 钟涵阳 译

策划编辑：姚 颖
责任编辑：姚 颖 书籍设计：Moo Design
责任校对：刘志刚 责任印制：张 策

重庆大学出版社出版发行
出版人：陈晓阳
社址：(401331)重庆市沙坪坝区大学城西路 21 号
网址：http://www.cqup.com.cn
印刷：重庆市正前方彩色印刷有限公司

开本：787mm×1092mm 1/32 印张：6.25 字数：126 千字
2024 年 12 月第 1 版 2024 年 12 月第 1 次印刷
ISBN 978-7-5689-5038-1 定价：59.00 元

本书如有印刷、装订等质量问题，本社负责调换
版权所有，请勿擅自翻译和用本书制作各类出版物及配套用书，违者必究

Copyright © Jonathan Silvertown, 2020.
This edition arranged with PEW Literary Agency
Limited through Andrew Nurnberg Associates In-
ternational Limited.

版贸核渝字（2022）第 093 号